数论基础及其应用

沈忠华　编著

科 学 出 版 社

北　京

内 容 简 介

本书主要介绍初等数论的基础理论，以及它们在密码学、信息安全等领域中的应用. 全书共分 11 章，包括整除理论、同余、简单密码、剩余系、不定方程、同余方程、公钥密码、二次剩余、原根、实数的表示、平方和等内容. 每章末附有习题.

本书适合作为普通高等院校数学类、计算机科学类、信息安全或电子与通信工程类高年级本科生和研究生的教材，也可作为相关领域研究人员的参考书.

图书在版编目(CIP)数据

数论基础及其应用/沈忠华编著. —北京：科学出版社, 2015.7

ISBN 978-7-03-044295-6

Ⅰ. 数…　Ⅱ. ①沈…　Ⅲ. ①数论-高等学校-教材　Ⅳ. ①O156

中国版本图书馆 CIP 数据核字(2015) 第 100378 号

责任编辑：姚莉丽　胡海霞／责任校对：蒋　萍
责任印制：赵　博／封面设计：迷底书装

科学出版社 出版
北京东黄城根北街 16 号
邮政编码：100717
http://www.sciencep.com
北京厚诚则铭印刷科技有限公司印刷
科学出版社发行　各地新华书店经销
*
2015 年 7 月第　一　版　开本: 720×1000 1/16
2024 年11月第十三次印刷　印张: 11 3/4
字数: 236 000

定价: 42.00元

(如有印装质量问题，我社负责调换)

前　言

数论是数学的一个历史悠久的分支, 主要研究整数的性质和规律. 在很长的一个历史时期内, 数论被认为是一门没有应用价值的 “纯” 理论学科. 20 世纪中期以来, 数论的理论和方法在许多理论学科和应用学科领域中都得到了广泛而深入的应用, 尤其是在密码学中的应用, 不仅推动了密码学和信息安全技术的发展, 也有力地促进了数论与密码学、信息安全相关课题的研究, 使之增添了新的活力.

本书是在我们讲授数学专业 “初等数论” 和 “数论及其应用” 课程使用的讲义的基础上形成的, 曾在数学专业和应用数学专业本科生和研究生教学中使用, 目的是使学生在了解和掌握初等数论的基本理论和方法的同时, 较多地了解数论在密码学中的应用, 拓宽知识视野, 促进跨学科研究能力的养成. 在编写本书的时候, 也考虑到了其他专业的学生和科技人员对数论知识的需要.

逻辑推导是数学研究的一个特点, 数论研究尤是如此. 培养学生利用逻辑推理, 由浅入深, 由此及彼, 不断发现新的数学真理的能力, 是非常重要的. 基于这一认识, 在内容安排上, 本书力图让读者从已有的事实出发, 去发现新的数学结论. 因此, 在内容安排上, 我们改变了 “结论叙述 — 证明结论” 的模式, 尽量采用 “已有结论 — 逻辑推理 — 新的结论” 的模式, 使新的数学真理自然地显现出来, 让读者自己推导和发现新的知识. 我们的教学实践表明, 这有助于培养学生的逻辑推理能力, 也提高了他们的学习兴趣.

本书的编写得到了国家 “十二五” 密码研究规划课题、浙江省自然科学基金项目、浙江省基础数学重点学科建设项目、浙江省重点建设教材项目和杭州市应用密码学重点学科建设项目的支持. 杭州师范大学理学院对本书的编写提供了有力支持. 杭州师范大学于秀源教授对本书稿提出了许多建设性的建议. 借本书出版之际, 在此一并表示衷心的感谢.

限于作者水平有限, 本书谬误和不妥在所难免, 恳切地希望读者和同行批评指正.

沈忠华

2014 年 11 月

目　录

第1章 整除理论

1.1 带余数除法

在本书中, 以 $\mathbf{Z}$ 表示全体整数的集合, $\mathbf{N}$ 表示全体正整数的集合, 除特别声明外, 字母 $a, b, c, \cdots$ 等均表示整数.

设 b 是一个正整数. 那么, 互不相交的区间 $[bq, b(q+1))(q=0, \pm 1, \pm 2, \cdots)$ 的和集是实轴, 因此, 任何整数 a 必落在唯一的一个区间 $[bq, b(q+1))$ 中, 即存在唯一的整数 q, $bq \leqslant a < b(q+1)$, 于是 $a = qb + r$, 其中 $r = a - bq$ 是唯一的, 并且 $0 \leqslant r < b$. 因此, 我们有如下结论.

定理 1.1.1 (带余数除法) 设 $a, b \in \mathbf{Z}, b > 0$, 则存在唯一的一对整数 q, r, 使得

$$a = qb + r, \quad 0 \leqslant r < b. \qquad \square$$

注 1 在定理 1.1.1 中, 称 q 是 b 除 a 的商, r 是 b 除 a 的余数.

定义 1.1.1 设 $a, b \in \mathbf{Z}, b \neq 0$, 若 $|b|$ 除 a 的余数是 0, 则称 b 整除 a(记作 $b \mid a$), 称 b 是 a 的约数 (因数, 或因子), a 是 b 的倍数; 否则, 称 a 不被 b 整除 (记为 $b \nmid a$); 若 $b|a$, $1 < |b| < |a|$, 则称 b 是 a 的真约数.

由定义 1.1.1 可知, a 与 $-a$ 有相同的约数, ± 1 与 $\pm a$ 显然是它们的约数.

下面的定理是显然的.

定理 1.1.2 下面的结论成立:

(1) 若 $b|a$, 则 b 除 a 的商是唯一的;

(2) $b(\neq 0)$ 的所有倍数是 $0, \pm b, \pm 2b, \cdots$;

(3) $b|a, c|b \Rightarrow c|a$;

(4) $b|a, a \neq 0 \Rightarrow |b| \leqslant |a|$;

(5) $b|a$, 且 $|a| < |b| \Rightarrow a = 0$;

(6) $b|a_1, b|a_2, m_1, m_2 \in \mathbf{Z} \Rightarrow b|a_1m_1 + a_2m_2$. $\square$

定义 1.1.2 一个大于 1 的整数, 若除了数 1 和它自身外, 没有另外的约数, 则称为素数. 除了 1 和它自身外, 还有其他约数的数称为合数.

由这个定义我们知道, 一个大于 1 的整数, 要么是素数, 要么是合数.

如果整数 $a(a \neq 0, \pm 1)$ 是合数, 那么, a 的正约数只有有限个, 故必有最小的, 设为 d. 若 d 不是素数, 则有真约数 $d_1, d_1 > 1, d_1|d, d > d_1$, 而且 $d_1|a$. 这与 d 的

最小性矛盾, 故 d 必是素数. 因此, 存在整数 q, 使得 $a = dq$, 于是 $|a| \geqslant d^2$, 即 $d \leqslant \sqrt{|a|}$. 因此, 有如下结论.

定理 1.1.3　任一整数 $a(a \neq 0, \pm 1)$ 的大于 1 的最小约数 d 是素数; 若 $d \neq a$, 则 $d \leqslant \sqrt{|a|}$. □

定理 1.1.3 告诉我们一个判定整数素性的方法: 如果一个整数 a 不被不超过 $\sqrt{|a|}$ 的素数整除, 它一定是素数.

例 1.1.1　判定 97 是否是素数.

解　由于不超过 $\sqrt{97}$ 的素数 2, 3, 5, 7 都不能整除 97, 所以 97 是素数.

利用定理 1.1.2 还可以逐个列出素数. 这就是 Eratosthenes 筛法. 下面是一个具体的例子.

例 1.1.2　写出不超过 100 的所有的素数.

解　将不超过 100 的正整数排列如下:

~~1~~	2	3	~~4~~	5	~~6~~	7	~~8~~	~~9~~	~~10~~
11	~~12~~	13	~~14~~	~~15~~	~~16~~	17	~~18~~	19	~~20~~
~~21~~	~~22~~	23	~~24~~	~~25~~	~~26~~	~~27~~	~~28~~	29	~~30~~
31	~~32~~	~~33~~	~~34~~	~~35~~	~~36~~	37	~~38~~	~~39~~	~~40~~
41	~~42~~	43	~~44~~	~~45~~	~~46~~	47	~~48~~	~~49~~	~~50~~
~~51~~	~~52~~	53	~~54~~	~~55~~	~~56~~	~~57~~	~~58~~	59	~~60~~
61	~~62~~	~~63~~	~~64~~	~~65~~	~~66~~	67	~~68~~	~~69~~	~~70~~
71	~~72~~	73	~~74~~	~~75~~	~~76~~	~~77~~	~~78~~	79	~~80~~
~~81~~	~~82~~	83	~~84~~	~~85~~	~~86~~	~~87~~	~~88~~	89	~~90~~
~~91~~	~~92~~	~~93~~	~~94~~	~~95~~	~~96~~	97	~~98~~	~~99~~	~~100~~

按以下步骤进行:

(i) 删去 1, 剩下的后面的第一个数是 2, 2 是素数;

(ii) 删去 2 后面的被 2 整除的数, 剩下的 2 后面的第一个数是 3, 3 是素数;

(iii) 再删去 3 后面的被 3 整除的数, 剩下的 3 后面的第一个数是 5, 5 是素数;

(iv) 再删去 5 后面的被 5 整除的数, 剩下的 5 后面的第一个数是 7, 7 是素数;

······

照以上步骤可以依次得到不超过 100 的所有的素数 2, 3, 5, 7, 11, $\cdots$, 97.

要指出的是, Eratosthenes 筛法在理论上是可行的; 但在实际应用中, 由于需要大量的计算, 是不可取的.

定理 1.1.1 虽然简单, 却是数论的基础. 下面我们给出它的一个应用.

设 $b > 1$ 是整数. 那么, 对于任何正整数 a, 由定理 1.1.1, 有整数 k, 使得

$$a = q_1 b + a_0, \quad 0 \leqslant a_0 \leqslant b - 1, \quad q_1 \geqslant b,$$

$$q_1 = q_2 b + a_1, \quad 0 \leqslant a_1 \leqslant b-1, \quad q_2 \geqslant b,$$

$$\cdots\cdots$$

$$q_{k-1} = q_k b + a_{k-1}, 0 \leqslant a_{k-1} \leqslant b-1, 0 < q_k \leqslant b-1,$$

其中诸 a_i 与 q_i 都是唯一确定的. 记 $q_k = a_k$, 则 $0< a_k \leqslant b-1$, 并且

$$\begin{aligned} a = q_1 b + a_0 &= (q_2 b + a_1)b + a_0 = q_2 b^2 + a_1 b + a_0 \\ &= (q_3 b + a_2)b^2 + a_1 b + a_0 = q_3 b^3 + a_2 b^2 + a_1 b + a_0 \\ &= \cdots \\ &= a_k b^k + a_{k-1} b^{k-1} + \cdots + a_1 b + a_0. \end{aligned}$$

因此, 有如下结论.

定理 1.1.4 设 b 是大于 1 的整数, 则任何正整数 a 都可以写成

$$a = a_k b^k + a_{k-1} b^{k-1} + \cdots + a_1 b + a_0$$

的形式, 其中 $a_k \neq 0$, $a_i (0 \leqslant i \leqslant k)$ 是在 0 与 $b-1$ 之间唯一确定的整数. □

定义 1.1.3 设 b 是正整数, n 是正整数, 并且

$$n = a_k b^k + a_{k-1} b^{k-1} + \cdots + a_1 b + a_0,$$

其中 $a_k \neq 0, 0 \leqslant a_i \leqslant b-1 (0 \leqslant i \leqslant k)$, 则称 $(a_k, a_{k-1}, \cdots, a_1, a_0)_b$ 是 n 的 b 进制表示, 称 n 是 $k+1$ 位 b 进制数, $k+1$ 是 n 的 b 进制位数, $a_i (0 \leqslant i \leqslant k)$ 是 n 的 b 进制表示的第 $i+1$ 个位数码 (或第 $i+1$ 位数).

为了叙述方便, 今后, 对于十进制表示的数, 将仍使用常规的写法.

注 2 以 $[x]$ 表示不超过 x 的最大整数. 若 $n = (a_k, a_{k-1}, \cdots, a_1, a_0)_b, a_k \neq 0$, 则

$$b^k \leqslant n < b^{k+1}, \quad k \leqslant \log_b n < (k+1),$$

即 $k = [\log_b n]$.

例 1.1.3 若 n 是整数, 则 n^2 被 8 除的余数只可能是 0, 1, 或 4.

解 整数 n 只可能是 $n = 8q + r$ 的形式, 其中 r=0, 1, 2, $\cdots$, 或 7. 直接计算即可得到结论.

习 题 1.1

1. 证明定理 1.1.2 的结论 (5).
2. 设 p 是 n 的最小素约数, $n = pn_1$, $n_1 > 1$, 证明: 若 $p > \sqrt[3]{n}$, 则 n_1 是素数.

3. 设 b 是大于 1 的整数, α 是小于 1 的正实数. 证明下面的结论:

(1) 对于任意的正整数 k, 存在唯一的整数 a_i, $0 \leqslant a_i \leqslant b-1(0 \leqslant i \leqslant k)$ 及实数 $\alpha_k, 0 \leqslant \alpha_k < 1$, 使得

$$\alpha = \frac{a_1}{b} + \frac{a_2}{b^2} + \cdots + \frac{a_k}{b^k} + \frac{\alpha_k}{b^k};$$

(2) 如果总是 $\alpha_k \neq 0(k \geqslant 1)$, 则无穷级数 $\sum\limits_{i=1}^{\infty} \frac{a_i}{b^i}$ 收敛于 α;

(3) 如果对于任意的正整数 m, 都有某个 $n > m$, 使得 $a_n \neq b-1$, 则结论 (2) 中的 α 的级数表示是唯一的.

如果级数 $\sum\limits_{i=1}^{\infty} \frac{a_i}{b^i}$ 是有限项, 那么结论 (3) 还成立吗?

4. 设 a 与 b 是正整数, 证明在 $1, 2, \cdots, a$ 中能被 b 整除的整数恰有 $\left[\frac{a}{b}\right]$ 个.

1.2　辗转相除法

定义 1.2.1　整数 $a_1, a_2, \cdots, a_k$ 的公共约数称为 $a_1, a_2, \cdots, a_k$ 的公约数. 不全为零的整数 $a_1, a_2, \cdots, a_k$ 的公约数中最大的一个称为 $a_1, a_2, \cdots, a_k$ 的最大公约数 (或最大公因数), 记为 $(a_1, a_2, \cdots, a_k)$.

由于每个非零整数的约数的个数是有限的, 所以最大公约数是存在的, 并且是正整数.

定义 1.2.2　如果 $(a_1, a_2, \cdots, a_k) = 1$, 则称 $a_1, a_2, \cdots, a_k$ 是互素的 (或互质的); 如果

$$(a_i, a_j) = 1, \quad 1 \leqslant i, j \leqslant k,\ i \neq j,$$

则称 $a_1, a_2, \cdots, a_k$ 是两两互素的 (或两两互质的).

显然, $a_1, a_2, \cdots, a_k$ 两两互素可以推出 $(a_1, a_2, \cdots, a_k) = 1$; 反之则不然, 例如 $(3, 6, 4) = 1$, $(6, 4) = 2$.

设 a, q, r 和 b 是整数, $a = bq + r$, 那么, 由定理 1.1.2, 如果 $d|a$, $d|b$, 则有 $d|r = a - bq$, 反之, 若 $d|b$, $d|r$, 则 $d|a = bq + r$. 因此 a 与 b 的全体公约数的集合就是 b 与 r 的全体公约数的集合, 这两个集合中的最大正数当然相等, 即 $(a, b) = (b, r)$. 由此得到下面定理 1.2.1 的结论 (v), 这个定理的其他结论是显然的.

定理 1.2.1　下面的结论成立:

(i) $(a_1, a_2, \cdots, a_k) = (|a_1|, |a_2|, \cdots, |a_k|)$;

(ii) $(a, 1) = 1$, $(a, 0) = |a|$, $(a, a) = |a|$;

(iii) $(a, b) = (b, a)$;

(iv) 若 p 是素数, a 是整数, 则 $(p, a) = 1$ 或 $p|a$;

(v) 若 $a=bq+r$, 则 $(a, b) = (b, r)$. □

注 1 由定理 1.2.1 可知, 在讨论 $(a_1, a_2, \cdots, a_n)$ 时, 不妨假设 $a_1, a_2, \cdots, a_n$ 是正整数, 以后我们就维持这一假设.

设 a 和 b 是整数, $b \neq 0$, 由定理 1.2.1 可知, 如果

$$a = bq_1 + r_1, \quad 0 < r_1 < |b|,$$

则 $(a,b)=(b, r_1)$. 若又有

$$b = r_1 q_2 + r_2, \quad 0 < r_2 < r_1,$$

则 $(b, r_1) = (r_1, r_2)$, 等等. 这样, 如果不断地把带余数除法做下去, 我们得到下面的一组除法:

$$\begin{aligned}
&a = bq_1 + r_1, && 0 < r_1 < |b|,\\
&b = r_1 q_2 + r_2, && 0 < r_2 < r_1,\\
&r_1 = r_2 q_3 + r_3, && 0 < r_3 < r_2,\\
&\quad \cdots\cdots\\
&r_{k-1} = r_k q_{k+1} + r_{k+1}, && 0 < r_{k+1} < r_k,\\
&\quad \cdots\cdots\\
&r_{n-2} = r_{n-1} q_n + r_n, && 0 < r_n < r_{n-1},\\
&r_{n-1} = r_n q_{n+1}.
\end{aligned} \tag{1.2.1}$$

根据上面的分析, 我们知道

$$(a,b) = (b, r_1) = (r_1, r_2) = \cdots = (r_{n-1}, r_n) = r_n.$$

这是一个计算最大公约数的有效方法. 上面的这一组算式称为辗转相除法, 或辗转相除算法 (算式).

由 (1.2.1) 中的式子, 我们看到,

$$\begin{aligned}
r_1 &= a - bq_1 = a \cdot 1 - bq_1,\\
-r_2 &= r_1 q_2 - b = (a - bq_1)q_2 - b = aq_2 - b(q_1 q_2 + 1).
\end{aligned}$$

记

$$P_n = q_n P_{n-1} + P_{n-2}, \quad Q_n = q_n Q_{n-1} + Q_{n-2}.$$

假设对于 $k < m (1 \leqslant m \leqslant n)$ 有 $aQ_k - bP_k = (-1)^{k-1} r_k$, 那么, 由 (1.2.1) 就得到

$$\begin{aligned}
r_n &= r_{n-2} - r_{n-1} q_n = (-1)^{n-3}(aQ_{n-2} - bP_{n-2}) - (-1)^{n-2}(aQ_{n-1} - bP_{n-1}) q_n\\
&= (-1)^{n-1}(a(Q_{n-2} + Q_{n-1} q_n) - b(P_{n-2} + P_{n-1} q_n)) = (-1)^{n-1}(aQ_n - bP_n).
\end{aligned}$$

这样, 由归纳法得到如下结论.

定理 1.2.2　使用式 (1.2.1) 中的记号, 记

$$P_0=1,\quad P_1=q_1,\quad P_k=q_kP_{k-1}+P_{k-2},\quad k\geqslant 2,$$

$$Q_0=0,\quad Q_1=1,\quad Q_k=q_kQ_{k-1}+Q_{k-2},\quad k\geqslant 2,$$

则

$$aQ_k-bP_k=(-1)^{k-1}r_k,\quad k=1,2\cdots,n. \tag{1.2.2}$$

□

我们已经知道 $r_n=(a,b)$, 所以又有如下结论.

定理 1.2.3　存在整数 x 和 y, 使得 $(a,b)=ax+by$. □

下面, 我们要对 (1.2.1) 中所包含的等式的个数, 即要做的带余数除法的次数进行估计.

设 $a,b\in\mathbf{N},a>b$. 在组式 (1.2.1) 中, 我们见到

$$r_{k-1}=r_kq_{k+1}+r_{k+1},\quad 1\leqslant k\leqslant n-1,$$

其中 $r_n\geqslant 1,q_{n+1}\geqslant 2,q_i\geqslant 1(1\leqslant i\leqslant n)$.

现在, 用下面的方式定义 Fibonacci 数列 $\{F_n\}$:

$$F_1=F_2=1,\quad F_n=F_{n-1}+F_{n-2},\quad n\geqslant 3, \tag{1.2.3}$$

那么, 由组式 (1.2.1), 见到

$$\begin{aligned}&r_n\geqslant 1=F_2,\\&r_{n-1}\geqslant 2r_n\geqslant 2=F_3,\\&r_{n-2}\geqslant r_{n-1}+r_n\geqslant F_3+F_2=F_4,\\&\qquad\cdots\cdots\\&b\geqslant r_1+r_2\geqslant F_{n+1}+F_n=F_{n+2}.\end{aligned} \tag{1.2.4}$$

另一方面, 我们知道,

$$F_n\geqslant\left(\frac{\sqrt{5}+1}{2}\right)^{n-2}. \tag{1.2.5}$$

由式 (1.2.3) 和 (1.2.5) 得到

$$b\geqslant\left(\frac{1+\sqrt{5}}{2}\right)^{n},$$

即

$$\log_{10}b\geqslant n\log_{10}\frac{1+\sqrt{5}}{2}>\frac{1}{5}n. \tag{1.2.6}$$

由式 (1.2.6) 得到了如下结论.

定理 1.2.4(Lame) 设 $a, b \in \mathbf{N}, a > b$, 使用在式 (1.2.1) 中的记号, 则 $n < 5\log_{10} b$. □

例 1.2.1 设 a 和 b 是正整数, 那么只使用被 2 除的除法运算和减法运算就可以计算出 (a, b).

解 下面的四个基本事实给出了证明:

(i) 若 $a|b$, 则 $(a, b) = a$;

(ii) 若 $a = 2^{\alpha} a_1, 2 \nmid a_1, b = 2^{\beta} b_1, 2 \nmid b_1, \alpha \geqslant \beta \geqslant 1$, 则

$$(a, b) = 2^{\beta}(2^{\alpha-\beta} a_1, b_1);$$

(iii) 若 $2 \nmid a, b = 2^{\beta} b_1, 2 \nmid b_1$, 则 $(a, b) = (a, b_1)$;

(iv) 若 $2 \nmid a, 2 \nmid b$, 则 $(a, b) = \left(\left|\dfrac{a-b}{2}\right|, b\right)$.

例 1.2.2 用辗转相除法求 (125, 17), 以及 x, y, 使得

$$125x + 17y = (125, 17).$$

解 做辗转相除法:

$$\begin{aligned}
&125 = 7 \cdot 17 + 6, && q_1 = 7, && r_1 = 6,\\
&17 = 2 \cdot 6 + 5, && q_2 = 2, && r_2 = 5,\\
&6 = 1 \cdot 5 + 1, && q_3 = 1, && r_3 = 1,\\
&5 = 5 \cdot 1, && q_4 = 5.
\end{aligned}$$

由定理 1.2.1, $(125, 17) = r_3 = 1$.

计算

$$\begin{aligned}
&P_0 = 1, \quad P_1 = 7, \quad P_2 = 2 \cdot 7 + 1 = 15, \quad P_3 = 1 \cdot 15 + 7 = 22,\\
&Q_0 = 0, \quad Q_1 = 1, \quad Q_2 = 2 \cdot 1 + 0 = 2, \quad Q_3 = 1 \cdot 2 + 1 = 3,
\end{aligned}$$

在定理 1.2.2 中, 取 $x = (-1)^{3-1} Q_3 = 3$, $y = (-1)^3 P_3 = -22$, 则

$$125 \cdot 3 + 17 \cdot (-22) = (125, 17) = 1.$$

例 1.2.3 求 (12345, 678).

解
$$\begin{aligned}
(12345,678) &= (12345,339) = (12006, 339) = (6003, 339)\\
&= (5664, 339) = (177, 339) = (177, 162) = (177, 81)\\
&= (96, 81) = (3, 81) = 3.
\end{aligned}$$

习 题 1.2

1. 用辗转相除法求整数 x, y, 使得 $1387x - 162y = (1387, 162)$.
2. Fibonacci 数列的相邻两项能否有大于 1 的最大公约数?
3. 证明: 若 $(a, 4) = (b, 4) = 2$, 则 $(a + b, 4) = 4$.

1.3 最大公约数的性质

对于给定的整数 $a_1, a_2, \cdots, a_k$, 用 $y_0 = a_1x_1' + \cdots + a_nx_n'$ 表示集合

$$A = \left\{y; y = \sum_{i=1}^{k} a_ix_i, x_i \in \mathbf{Z}, 1 \leqslant i \leqslant k\right\}$$

中最小的正整数, 那么, 由带余数除法可知, 对于集合 A 中的任一整数 y, 存在 q, $r_0 \in \mathbf{Z}$, 使得

$$y = qy_0 + r_0, \quad 0 \leqslant r_0 < y_0,$$

因此

$$r_0 = y - qy_0 = a_1(x_1 - qx_1') + \cdots + a_n(x_n - qx_n') \in A.$$

如果 $r_0 \neq 0$, 那么, 因为 $0 < r_0 < y_0$, 所以 r_0 是 A 中比 y_0 还小的正整数, 这与 y_0 的定义矛盾. 所以 $r_0 = 0$, 即 $y_0|y$. 这样, y_0 就整除 $a_1, a_2, \cdots, a_k$, 是它们的一个公约数. 但是, 它显然被 $a_1, a_2, \cdots, a_k$ 的每个公约数整除, 所以它是 $a_1, a_2, \cdots, a_k$ 的最大公约数. 因此, 有如下结论.

定理 1.3.1 设 $a_1, a_2, \cdots, a_k \in \mathbf{Z}$, 记

$$A = \left\{y; y = \sum_{i=1}^{k} a_ix_i, x_i \in \mathbf{Z}, 1 \leqslant i \leqslant k\right\}.$$

如果 y_0 是集合 A 中最小的正数, 则 $y_0 = (a_1, a_2, \cdots, a_k)$. □

根据此定理, 我们可以得到如下几个推论.

推论 1.3.1 设 d 是 $a_1, a_2, \cdots, a_k$ 的一个公约数, 则 $d|(a_1, a_2, \cdots, a_k)$. □

这个推论对最大公约数的性质做了更深的刻画: 最大公约数不但是公约数中的最大的, 而且是所有公约数的倍数.

推论 1.3.2 $(ma_1, ma_2, \cdots, ma_k) = |m|(a_1, a_2, \cdots, a_k)$. □

推论 1.3.3 记 $\delta = (a_1, a_2, \cdots, a_k)$, 则

$$\left(\frac{a_1}{\delta}, \frac{a_2}{\delta}, \cdots, \frac{a_k}{\delta}\right) = 1. \quad \square$$

特别地, $\left(\frac{a}{(a,b)}, \frac{b}{(a,b)}\right) = 1.$

推论 1.3.4 $(a_1, a_2, \cdots, a_k) = 1$ 的充要条件是存在整数 $x_1, x_2, \cdots, x_k$, 使得

$$a_1x_1 + a_2x_2 + \cdots + a_kx_k = 1. \tag{1.3.1}$$

□

由定理 1.2.3, 如果 $(a, b) = 1$, 则存在整数 x 与 y, 使得 $ax + by = 1$. 因此, 对于任意的整数 c, 就有

$$acx + bcy = c. \tag{1.3.2}$$

由此可见,

(i) 如果 $b|ac$, 则由式 (1.3.2) 得到必有 $b|c$;

(ii) 如果 $b|c$ 且 $a|c$, 则 $ab|ac, ab|bc$, 由式 (1.3.2) 得到 $ab|c$;

(iii) 如果 d 是 a 与 bc 的一个公约数, 由式 (1.3.2) 得到, $d|c$, 即 d 是 a 与 c 的公约数. 当然, a 与 c 的公约数也是 a 与 bc 的公约数. 因此, a 与 c 的公约数的集合, 就是 a 与 bc 的公约数的集合, 所以, $(a, bc) = (a, c)$.

根据上面的分析, 我们可以得到如下结论.

定理 1.3.2 对于任意的整数 a, b, c, 下面的结论成立:

(i) 由 $b|ac$ 及 $(a, b) = 1$ 可以推出 $b|c$;

(ii) 由 $b|c, a|c$ 及 $(a, b) = 1$ 可以推出 $ab|c$;

(iii) 若 $(a, b) = 1$, 则 $(a, bc) = (a, c)$. □

推论 1.3.5 若 p 是素数, 则下述结论成立:

(i) $p|ab \Rightarrow p|a$ 或 $p|b$;

(ii) $p|a^2 \Rightarrow p|a$. □

推论 1.3.6 若 $(a, b_i) = 1, 1 \leqslant i \leqslant n$, 则 $(a, b_1b_2\cdots b_n) = 1$. □

我们知道, 用辗转相除法可以求出两个数的最大公约数. 现在, 我们考虑如何求出三个以上的数的最大公约数.

假设对于任意的 n 个整数 $a_1, a_2, \cdots, a_{n-1}$, 我们可以求出 $d_{n-1} = (a_1, a_2, \cdots, a_{n-1})$.

对于整数 a_n, 记 $d_n = (d_{n-1}, a_n)$.

首先, 我们有 $d_{n-1}|a_i(1 \leqslant i \leqslant n-1)$, 因此, $d_n|a_i(1 \leqslant i \leqslant n)$, 即它是 $a_1, a_2, \cdots, a_{n-1}, a_n$ 的一个公约数. 另一方面, 由推论 1.3.1, 若 d 是 $a_1, a_2, \cdots, a_{n-1}, a_n$ 的一个公约数, 那么, $d|d_{n-1}$, 从而, d 是 d_{n-1} 和 a_n 的一个公约数, 因此, $d|\ (d_{n-1}, a_n) = d_n$.

这样, 我们得到如下结论.

定理 1.3.3 对于任意的 n 个整数 $a_1, a_2, \cdots, a_n$, 记

$$(a_1, a_2) = d_2, (d_2, a_3) = d_3, \cdots, (d_{n-2}, a_{n-1}) = d_{n-1}, (d_{n-1}, a_n) = d_n,$$

则

$$d_n = (a_1, a_2, \cdots, a_n).$$ □

例 1.3.1　证明: 若 n 是正整数, 则 $\dfrac{21n+4}{14n+3}$ 是既约分数.

解　由定理 1.3.1 得到

$$(21n+4, 14n+3) = (7n+1, 14n+3) = (7n+1, 1) = 1.$$

注 1　一般地, 若 $(x, y) = 1$, 那么, 对于任意的整数 a, b, 有

$$(x, y) = (x-ay, y) = (x-ay, y-b(x-ay)) = (x-ay, (ab+1)y-bx),$$

因此, $\dfrac{x-ay}{(ab+1)y-bx}$ 是既约分数.

例 1.3.2　证明: $121 \nmid n^2 + 2n + 12$, $n \in \mathbf{Z}$.

解　由于 $121 = 11^2$, $n^2 + 2n + 12 = (n+1)^2 + 11$, 所以, 若

$$11^2 | (n+1)^2 + 11, \tag{1.3.3}$$

则 $11|(n+1)^2$, 因此, 由推论 1.3.5 得到

$$11|n+1, \quad 11^2|(n+1)^2.$$

再由式 (1.3.3) 得到

$$11^2|11,$$

这是不可能的. 所以式 (1.3.3) 不能成立.

注 2　这个例题的一般形式是:

设 p 是素数, a, b 是整数, 则

$$p^k \nmid (an+b)^k + p^{k-1}c,$$

其中 c 是不被 p 整除的任意整数, k 是任意的大于 1 的整数.

例 1.3.3　设 a 和 b 是正整数, $b > 2$, 则 $2^b - 1 \nmid 2^a + 1$.

解　(i) 若 $a < b$, 且

$$2^b - 1 | 2^a + 1. \tag{1.3.4}$$

成立, 则

$$2^b - 1 \leqslant 2^a + 1 \Rightarrow 2^b - 2^a \leqslant 2 \Rightarrow 2^a(2^{b-a} - 1) \leqslant 2,$$

于是 $a = 1$, $b - a = 1$, 即 $b = 2$, 这是不可能的, 所以式 (1.3.4) 不成立.

(ii) 若 $a=b$, 且式 (1.3.4) 成立, 则由式 (1.3.4) 得到

$$2^a-1|(2^a-1)+2 \Rightarrow 2^a-1|2 \Rightarrow 2^a-1 \leqslant 2 \Rightarrow 2^a \leqslant 3,$$

于是 $b=a=1$, 这是不可能的, 所以式 (1.3.4) 不成立.

(iii) 若 $a>b$, 记 $a=kb+r$, $0 \leqslant r<b$, 此时

$$2^{kb}-1=(2^b-1)(2^{(k-1)b}+2^{(k-2)b}+\cdots+1)=(2^b-1)Q,$$

其中 Q 是整数. 所以

$$\begin{aligned}2^a+1&=2^{kb+r}+1=2^r(2^{kb}-1+1)+1\\&=2^r((2^b-1)Q+1)+1=(2^b-1)Q'+(2^r+1),\end{aligned}$$

其中 Q' 是整数. 因此

$$2^b-1|2^a+1 \Rightarrow 2^b-1|2^r+1,$$

在 (i) 中已经证明这是不可能的, 所以式 (1.3.4) 不能成立.

综上证得 $2^b-1 \nmid 2^a+1$.

习 题 1.3

1. 证明推论 1.3.1~ 推论 1.3.6.
2. 设 $x, y \in \mathbf{Z}$, $17|2x+3y$, 证明：$17|9x+5y$.
3. 设 $a, b, c \in \mathbf{N}$, c 无平方因子, $a^2|b^2c$, 证明：$a|b$.
4. 设 n 是正整数, 求 $\mathrm{C}_{2n}^1, \mathrm{C}_{2n}^3, \cdots, \mathrm{C}_{2n}^{2n-1}$ 的最大公约数.

1.4 最小公倍数

定义 1.4.1 整数 $a_1, a_2, \cdots, a_k$ 的公共倍数称为 $a_1, a_2, \cdots, a_k$ 的公倍数. $a_1, a_2, \cdots, a_k$ 的正公倍数中的最小的一个称为 $a_1, a_2, \cdots, a_k$ 的最小公倍数, 记为 $[a_1, a_2, \cdots, a_k]$.

根据这个定义, 容易得到如下结论.

定理 1.4.1 下面的等式成立：

(i) $[a, 1]=|a|$, $[a, a]=|a|$;

(ii) $[a, b]=[b, a]$;

(iii) $[a_1, a_2, \cdots, a_k]=[|a_1|, |a_2|\cdots, |a_k|]$;

(iv) 若 $a|b$, 则 $[a, b]=|b|$. □

由定理 1.4.1 中的结论 (iii) 可知, 在讨论 $a_1, a_2, \cdots, a_k$ 的最小公倍数时, 不妨假定它们都是正整数. 在本节中总是维持这一假定.

设 m 是 a 和 b 的一个公倍数, 那么存在整数 k_1, k_2, 使得 $m = ak_1, m = bk_2$, 因此

$$ak_1 = bk_2. \tag{1.4.1}$$

于是

$$\frac{a}{(a,b)}k_1 = \frac{b}{(a,b)}k_2.$$

由于 $\left(\dfrac{a}{(a,b)}, \dfrac{b}{(a,b)}\right) = 1$, 所以由定理 1.3.2 得到

$$\frac{a}{(a,b)}\bigg| k_1, \quad \text{即} k_1 = \frac{b}{(a,b)}t,$$

其中 t 是某个整数. 将上式代入式 (1.4.1) 得到

$$m = \frac{ab}{(a,b)}t. \tag{1.4.2}$$

这说明, a 和 b 的公倍数是上式中的形式. 因此, 关于最小公倍数和最大公约数间的关系, 我们有如下结论.

定理 1.4.2　对任意的正整数 a, b, 有

$$[a,b] = \frac{ab}{(a,b)}. \qquad \square$$

推论 1.4.1　两个整数的任何公倍数可以被它们的最小公倍数整除. □

这个推论说明: 两个整数的最小公倍数不但是最小的正倍数, 而且是另外的公倍数的约数.

由 (1.4.2) 式及推论 1.3.2, 我们看到

$$[ma, mb] = \frac{m^2ab}{(ma,mb)} = \frac{m^2ab}{m(a,b)} = \frac{mab}{(a,b)} = m[a,b].$$

因此, 有如下结论.

推论 1.4.2　设 m, a, b 是正整数, 则 $[ma, mb] = m[a, b]$. □

由定理 1.4.2, 利用辗转相除法可以求出两个数的最小公倍数. 现在, 我们考虑如何求出三个以上整数的最小公倍数. 在定理 1.3.3 中我们得到了求出多个整数最大公约数的方法, 它提示我们用类似的方法求出多个整数的最小公倍数.

对于任意的 n 个整数 $a_1, a_2, \cdots, a_n$, 记

$$[a_1, a_2] = m_2, [m_2, a_3] = m_3, \cdots, [m_{n-2}, a_{n-1}] = m_{n-1}, [m_{n-1}, a_n] = m_n. \quad (1.4.3)$$

显然, m_n 是 $a_1, a_2, \cdots, a_n$ 的一个公倍数.

另一方面, 对于 $a_1, a_2, \cdots, a_n$ 的任何公倍数 m, 由推论 1.4.1 及 $m_2, \cdots, m_n$ 的定义, 依此得到

$$m_2|m, m_3|m, \cdots, m_n|m.$$

即 m_n 是 $a_1, a_2, \cdots, a_n$ 最小的正的公倍数. 即有如下结论.

定理 1.4.3 对于任意的 n 个整数 $a_1, a_2, \cdots, a_n$, 使用 (1.4.3) 式中的记号, 则 $[a_1, a_2, \cdots, a_n] = m_n$. □

此定理的如下推论是显然的.

推论 1.4.3 若 m 是整数 $a_1, a_2, \cdots, a_n$ 的公倍数, 则 $[a_1, a_2, \cdots, a_n]|m$. □

作为定理 1.4.3 的一个应用, 我们证明下面的定理.

定理 1.4.4 整数 $a_1, a_2, \cdots, a_n$ 两两互素, 即

$$(a_i, a_j) = 1, \quad 1 \leqslant i, j \leqslant n, i \neq j$$

的充要条件是

$$[a_1, a_2, \cdots, a_n] = a_1 a_2 \cdots a_n. \quad (1.4.4)$$

证明 必要性 因为 $(a_1, a_2) = 1$, 由定理 1.4.2 得到

$$[a_1, a_2] = \frac{a_1 a_2}{(a_1, a_2)} = a_1 a_2.$$

由 $(a_1, a_3) = (a_2, a_3) = 1$ 及推论 1.3.6 得到

$$(a_1 a_2, a_3) = 1,$$

由此及定理 1.4.3 得到

$$[a_1, a_2, a_3] = [[a_1, a_2], a_3] = [a_1 a_2, a_3] = a_1 a_2 a_3.$$

如此继续下去, 就得到式 (1.4.4).

充分性 用归纳法证明. 当 $n = 2$ 时, 由定理 1.4.2 得到

$$a_1 a_2 = [a_1, a_2] = \frac{a_1 a_2}{(a_1, a_2)} \Rightarrow (a_1, a_2) = 1,$$

即当 $n = 2$ 时, 充分性成立.

假设充分性当 $n=k$ 时成立, 即

$$[a_1,a_2,\cdots,a_k]=a_1a_2\cdots a_k \Rightarrow (a_i,a_j)=1, 1\leqslant i,j\leqslant k, i\neq j.$$

对于整数 $a_1, a_2, \cdots, a_k, a_{k+1}$, 使用定理 1.4.3 中的记号, 由定理 1.4.3 可知

$$[a_1,a_2,\cdots,a_k,a_{k+1}]=[m_k,a_{k+1}], \tag{1.4.5}$$

其中 $m_k=[a_1, a_2, \cdots, a_k]$. 因此, 如果

$$[a_1,a_2,\cdots,a_k,a_{k+1}]=a_1a_2\cdots a_ka_{k+1},$$

那么, 由此及式 (1.4.5) 得到

$$[a_1,a_2,\cdots,a_k,a_{k+1}]=[m_k,a_{k+1}]=\frac{m_ka_{k+1}}{(m_k,a_{k+1})}=a_1a_2\cdots a_ka_{k+1},$$

即

$$\frac{m_k}{(m_k,a_{k+1})}=a_1a_2\cdots a_k,$$

显然 $m_k\leqslant a_1a_2\cdots a_k$, $(m_k, a_{k+1})\geqslant 1$. 所以若使上式成立, 必是

$$(m_k,a_{k+1})=1, \tag{1.4.6}$$

并且

$$m_k=a_1a_2\cdots a_k. \tag{1.4.7}$$

由式 (1.4.6) 与式 (1.4.7) 推出

$$(a_i,a_{k+1})=1, \quad 1\leqslant i\leqslant k; \tag{1.4.8}$$

由式 (1.4.7) 及归纳假设推出

$$(a_i,a_j)=1, \quad 1\leqslant i,j\leqslant k, i\neq j. \tag{1.4.9}$$

综合式 (1.4.8) 与式 (1.4.9), 可知当 $n=k+1$ 时, 充分性成立. 由归纳法证明了充分性. □

定理 1.4.4 有许多应用. 例如, 如果 $m_1, m_2, \cdots, m_k$ 是两两互素的整数, 那么, 要证明 $m=m_1m_2\cdots m_k$ 整除某个整数 Q, 只需证明对于每个 i, $1\leqslant i\leqslant k$, 都有 $m_i|Q$. 这一点在实际计算中是很有用的.

例 1.4.1 设 a, b, c 是正整数, 证明: $[a, b, c](ab, bc, ca)=abc$.

解 由定理 1.4.3 和定理 1.4.2 有

$$[a,b,c]=[[a,b],c]=\frac{[a,b]c}{([a,b],c)}, \tag{1.4.10}$$

由定理 1.3.3 和定理 1.4.2,

$$\begin{aligned}(ab,bc,ca)&=(ab,(bc,ca))=(ab,c(a,b))\\&=\left(ab,\frac{abc}{[a,b]}\right)=\frac{(ab[a,b],abc)}{[a,b]}=\frac{ab([a,b],c)}{[a,b]}.\end{aligned} \tag{1.4.11}$$

联合式 (1.4.10) 与式 (1.4.11) 得到所需结论.

例 1.4.2 对于任意的整数 $a_1,\ a_2,\ \cdots,\ a_n$ 及整数 $k,\ 1\leqslant k\leqslant n$, 证明:

$$[a_1,a_2,\cdots,a_n]=[[a_1,\cdots,a_k],[a_{k+1},\cdots,a_n]].$$

解 因为 $[a_1,\ a_2,\ \cdots,\ a_n]$ 是 $a_1,\ \cdots,a_k,\ a_{k+1},\ \cdots,\ a_n$ 的公倍数, 所以由推论 1.4.1, 推出

$$[a_1,\cdots,a_k]|[a_1,a_2,\cdots,a_n],$$

$$[a_{k+1},\cdots,a_n]|[a_1,a_2,\cdots,a_n],$$

再由推论 1.4.3 知

$$[[a_1,\cdots,a_k],[a_{k+1},\cdots,a_n]]|[a_1,a_2,\cdots,a_n]. \tag{1.4.12}$$

另一方面, 对于任意的 $a_i(1\leqslant i\leqslant n)$, 显然

$$a_i|[[a_1,\cdots,a_k],[a_{k+1},\cdots,a_n]],$$

所以由推论 1.4.3 可知

$$[a_1,a_2,\cdots,a_n]|[[a_1,\cdots,a_k],[a_{k+1},\cdots,a_n]],$$

联合上式与式 (1.4.12) 得证.

例 1.4.3 设 $a,\ b,\ c$ 是正整数, 证明:

$$[a,b,c][ab,bc,ca]=[a,b][b,c][c,a].$$

解 由推论 1.4.2 及例 1.4.2, 有

$$\begin{aligned}[a,b,c][ab,bc,ca]&=[[a,b,c]ab,[a,b,c]bc,[a,b,c]ca]\\&=[[a^2b,ab^2,abc],[abc,b^2c,bc^2],[a^2c,abc,ac^2]]\\&=[a^2b,ab^2,abc,abc,b^2c,bc^2,a^2c,abc,ac^2]\\&=[abc,a^2b,a^2c,b^2c,b^2a,c^2a,c^2b]\end{aligned}$$

以及

$$\begin{aligned}[a,b][b,c][c,a] &= [[a,b]b,[a,b]c][c,a]\\ &= [ab,b^2,ac,bc][c,a]\\ &= [ab[c,a],b^2[c,a],ac[c,a],bc[c,a]]\\ &= [abc,a^2b,b^2c,b^2a,ac^2,a^2c,bc^2,bca]\\ &= [abc,a^2b,a^2c,b^2c,b^2a,c^2a,c^2b].\end{aligned}$$

比较以上两个等式得证.

习　题　1.4

1. 证明定理 1.4.1.
2. 证明推论 1.4.3.
3. 设 $a,\ b$ 是正整数, 证明: $(a+b)[a,\ b]=a[b,\ a+b]$.
4. 求正整数 $a,\ b$, 使得 $a+b=120$, $(a,\ b)=24$, $[a,\ b]=144$.
5. 设 $a,\ b,\ c$ 是正整数, 证明:

$$\frac{[a,b,c]^2}{[a,b][b,c][c,a]}=\frac{(a,b,c)^2}{(a,b)(b,c)(c,a)}.$$

6. 设 k 是正奇数, 证明: $1+2+\cdots+9|1^k+2^k+\cdots+9^k$.

1.5　算术基本定理

我们知道, 一个正整数 n 如果不是素数, 就可以表成两个大于 1 的整数之积. 如果这两个整数中有合数, 那么, 这个合数又可以表成两个大于 1 的整数之积, 这样的过程可以继续下去, 而且, 由于每次得到的约数是大于 1 的整数, 所以这个过程是有限的; 这样, 就会得到 $n=p_1p_2\cdots p_k$, 其中诸 $p_i(1\leqslant i\leqslant k)$ 是素数, 并且可以假定 $p_1\leqslant p_2\leqslant\cdots\leqslant p_k$. 当然, 不同的过程可能得到不同的表示式 $n=q_1q_2\cdots q_l$, 其中诸 $q_j(1\leqslant j\leqslant l)$ 也都是素数, 并且 $q_1\leqslant q_2\leqslant\cdots\leqslant q_l$. 这时, 我们得到

$$n=p_1p_2\cdots p_k=q_1q_2\cdots q_l,\quad p_1\leqslant p_2\leqslant\cdots\leqslant p_k, q_1\leqslant q_2\leqslant\cdots\leqslant q_l. \tag{1.5.1}$$

此时, 由推论 1.3.5, 必有某个 $q_j(1\leqslant j\leqslant l)$, 使得 $p_1|q_j$, 所以 $p_1=q_j$; 又有某个 $p_i(1\leqslant i\leqslant k)$, 使得 $q_1|p_i$, 所以 $q_1=p_i$. 于是, 由式 (1.5.1) 可知 $p_1=q_1$, 并得到

$$p_2\cdots p_k=q_2\cdots q_l.$$

重复上述过程, 得到 $k=l$, $p_i=q_i$, $1\leqslant i\leqslant k$. 这说明 (1.5.1) 式中的两个表示式是一样的. 因此, 我们可以得到如下结论.

定理 1.5.1 (算术基本定理) 任何大于 1 的整数 n 可以唯一地表示成

$$n = p_1^{\alpha_1} p_2^{\alpha_2} \cdots p_k^{\alpha_k}, \tag{1.5.2}$$

其中 $p_1, p_2, \cdots, p_k$ 是素数, $p_1 < p_2 < \cdots < p_k, \alpha_1, \alpha_2, \cdots, \alpha_k$ 是正整数. □

定义 1.5.1 使用定理 1.5.1 中的记号, 称

$$n = p_1^{\alpha_1} p_2^{\alpha_2} \cdots p_k^{\alpha_k}$$

是 n 的标准分解式, 其中 $p_i(1 \leqslant i \leqslant k)$ 是素数, $p_1 < p_2 < \cdots < p_k, \alpha_i(1 \leqslant i \leqslant k)$ 是正整数.

根据算术基本定理, 我们可以得到如下几个推论.

推论 1.5.1 使用式 (1.5.2) 中的记号, 有

(i) n 的正因数 d 必有形式

$$d = p_1^{\gamma_1} p_2^{\gamma_2} \cdots p_k^{\gamma_k}, \quad \gamma_i \in \mathbf{Z}, 0 \leqslant \gamma_i \leqslant \alpha_i, 1 \leqslant i \leqslant k;$$

(ii) n 的正倍数 m 必有形式

$$m = p_1^{\beta_1} p_2^{\beta_2} \cdots p_k^{\beta_k} M, \quad M \in \mathbf{N}, \beta_i \in \mathbf{N}, \beta_i \geqslant \alpha_i, 1 \leqslant i \leqslant k. \quad \square$$

推论 1.5.2 设正整数 a 与 b 有形式

$$a = p_1^{\alpha_1} \cdots p_k^{\alpha_k} q_1^{\gamma_1} \cdots q_l^{\gamma_l}, \quad b = p_1^{\beta_1} \cdots p_k^{\beta_k} r_1^{\delta_1} \cdots r_s^{\delta_s},$$

其中 $p_i(1 \leqslant i \leqslant k)$, $q_i(1 \leqslant i \leqslant l)$ 与 $r_i(1 \leqslant i \leqslant s)$ 是两两不相同的素数, α_i, $\beta_i(1 \leqslant i \leqslant k)$ 为非负整数, $\gamma_i(1 \leqslant i \leqslant l)$, $\delta_i(1 \leqslant i \leqslant s)$ 为正整数, 则

$$(a, b) = p_1^{\lambda_1} \cdots p_k^{\lambda_k}, \quad \lambda_i = \min\{\alpha_i, \beta_i\},\ 1 \leqslant i \leqslant k,$$

$$[a, b] = p_1^{\mu_1} \cdots p_k^{\mu_k} q_1^{\gamma_1} \cdots q_l^{\gamma_l} r_1^{\delta_1} \cdots r_s^{\delta_s}, \quad \mu_i = \max\{\alpha_i, \beta_i\}, 1 \leqslant i \leqslant k. \quad \square$$

为了方便, 推论 1.5.2 常叙述为下面的形式.

推论 1.5.3 设正整数 a 与 b 有形式

$$a = p_1^{\alpha_1} p_2^{\alpha_2} \cdots p_k^{\alpha_k}, \quad b = p_1^{\beta_1} p_2^{\beta_1} \cdots p_k^{\beta_k},$$

其中 $p_1, p_2, \cdots, p_k$ 是互不相同的素数, α_i, $\beta_i(1 \leqslant i \leqslant k)$ 都是非负整数, 则

$$(a, b) = p_1^{\lambda_1} p_2^{\lambda_2} \cdots p_k^{\lambda_k}, \quad \lambda_i = \min\{\alpha_i, \beta_i\},\ 1 \leqslant i \leqslant k,$$

$$[a,b]=p_1^{\mu_1}p_2^{\mu_2}\cdots p_k^{\mu_k},\quad \mu_i=\max\{\alpha_i,\beta_i\},\ 1\leqslant i\leqslant k. \qquad\square$$

推论 1.5.4　设 a, b, c, n 是正整数,

$$ab=c^n,\quad (a,b)=1, \tag{1.5.3}$$

则存在正整数 u, v, 使得

$$a=u^n,\quad b=v^n,\quad c=uv,\quad (u,v)=1.$$

证明　设 $c=p_1^{\gamma_1}p_2^{\gamma_2}\cdots p_k^{\gamma_k}$, 其中 $p_1,p_2,\cdots,p_k$ 是互不相同的素数，$\gamma_i(1\leqslant i\leqslant k)$ 是正整数. 又设

$$a=p_1^{\alpha_1}p_2^{\alpha_2}\cdots p_k^{\alpha_k},\quad b=p_1^{\beta_1}p_2^{\beta_2}\cdots p_k^{\beta_k},$$

其中 α_i, $\beta_i(1\leqslant i\leqslant k)$ 都是非负整数. 由式 (1.5.3) 及推论 1.5.3 可知

$$\min\{\alpha_i,\beta_i\}=0,\quad \alpha_i+\beta_i=n\gamma_i,\quad 1\leqslant i\leqslant k,$$

因此, 对于每个 $i(1\leqslant i\leqslant k)$, 等式

$$\alpha_i=n\gamma_i,\beta_i=0 \quad 与 \quad \alpha_i=0,\beta_i=n\gamma_i$$

有且只有一个成立. 这就证明了推论. □

例 1.5.1　写出 51480 的标准分解式.

解　我们有

$$\begin{aligned}51480&=2\cdot 25740=2^2\cdot 12870=2^3\cdot 6435\\&=2^3\cdot 5\cdot 1287=2^3\cdot 5\cdot 3\cdot 429\\&=2^3\cdot 5\cdot 3^2\cdot 143=2^3\cdot 3^2\cdot 5\cdot 11\cdot 13.\end{aligned}$$

例 1.5.2　设 a, b, c 是整数, 证明:

(i) $(a, b)[a, b] = ab$;

(ii) $(a, [b, c]) = [(a, b), (a, c)]$.

解　为了叙述方便, 不妨假定 a, b, c 是正整数.

(i) 设

$$a=p_1^{\alpha_1}p_2^{\alpha_2}\cdots p_k^{\alpha_k},\quad b=p_1^{\beta_1}p_2^{\beta_2}\cdots p_k^{\beta_k},$$

其中 $p_1, p_2, \cdots, p_k$ 是互不相同的素数, α_i, $\beta_i(1\leqslant i\leqslant k)$ 都是非负整数. 由推论 1.5.3, 有

$$(a,b)=p_1^{\lambda_1}p_2^{\lambda_2}\cdots p_k^{\lambda_k},\quad \lambda_i=\min\{\alpha_i,\beta_i\},\ 1\leqslant i\leqslant k,$$

$$[a,b]=p_1^{\mu_1}p_2^{\mu_2}\cdots p_k^{\mu_k},\quad \mu_i=\max\{\alpha_i,\beta_i\},\ 1\leqslant i\leqslant k.$$

由此知

$$(a,b)[a,b]=\prod_{i=1}^{k}p_i^{\lambda_i+\mu_i}=\prod_{i=1}^{k}p_i^{\min\{\alpha_i,\beta_i\}+\max\{\alpha_i,\beta_i\}}=\prod_{i=1}^{k}p_i^{\alpha_i+\beta_i}=ab.$$

(ii) 设

$$a=\prod_{i=1}^{k}p_i^{\alpha_i},\quad b=\prod_{i=1}^{k}p_i^{\beta_i},\quad c=\prod_{i=1}^{k}p_i^{\gamma_i},$$

其中 $p_1, p_2, \cdots, p_k$ 是互不相同的素数, α_i, β_i, $\gamma_i(1\leqslant i\leqslant k)$ 都是非负整数. 由推论 1.5.3, 有

$$(a,[b,c])=\prod_{i=1}^{k}p_i^{\lambda_i},\quad [(a,b),(a,c)]=\prod_{i=1}^{k}p_i^{\mu_i},$$

其中, 对于 $1\leqslant i\leqslant k$, 有

$$\lambda_i=\min\{\alpha_i,\max\{\beta_i,\gamma_i\}\},$$

$$\mu_i=\max\{\min\{\alpha_i,\beta_i\},\min\{\alpha_i,\gamma_i\}\},$$

不妨设 $\beta_i\leqslant\gamma_i$, 则

$$\min\{\alpha_i,\beta_i\}\leqslant\min\{\alpha_i,\gamma_i\},$$

所以

$$\mu_i=\min\{\alpha_i,\gamma_i\}=\lambda_i,$$

即 $(a, [b, c]) = [(a, b), (a, c)]$.

注 1　利用定理 1.5.1 可以容易地处理许多像例 1.5.2 这样的问题.

习　题　1.5

1. 证明推论 1.5.1 和推论 1.5.2.
2. 写出 22345680 的标准分解式.
3. 证明: 在 1, 2, $\cdots$, $2n$ 中任取 $n+1$ 数, 其中至少有一个能被另一个整除.
4. 设 a, b 是正整数, 证明: 存在 a_1, a_2, b_1, b_2, 使得

$$a=a_1a_2,\quad b=b_1b_2,\quad (a_2,b_2)=1,$$

并且 $[a, b] = a_2b_2$.

第2章　同　　余

2.1　同余的基本性质

由带余数除法我们知道, 对于给定的正整数 m, 任何整数 a 都对应着有一个被 m 除的余数. 这种余数只有 m 个, 因此, 必有一些整数对应着同一个余数, 即它们的差可被 m 整除.

定义 2.1.1　设 m 是正整数, 如果整数 a 与 b 之差被 m 整除, 则称 a 与 b 对于模 m 同余, 或称 a 与 b 同余, 模 m, 记为

$$a \equiv b(\bmod m).$$

显然, 如果 a 与 b 对于模 m 同余, 则 b 也与 a 对模 m 同余.

如果整数 a 与 b 之差不能被 m 整除, 则称 a 与 b 对于模 m 不同余, 或也称 a 与 b 不同余, 模 m, 记为 $a \not\equiv b \pmod m$.

根据定义 2.1.1, 有如下结论.

定理 2.1.1　下面的三个叙述是等价的:

(i) $a \equiv b \pmod m$;

(ii) 存在整数 q, 使得 $a = b + qm$;

(iii) 存在整数 q_1, q_2, 使得 $a = q_1 m + r$, $b = q_2 m + r$, $0 \leqslant r < m$. □

定理 2.1.2　同余具有下面的性质:

(i) $a \equiv a \pmod m$;

(ii) $a \equiv b \pmod m \Rightarrow b \equiv a \pmod m$;

(iii) $a \equiv b$, $b \equiv c \pmod m \Rightarrow a \equiv c \pmod m$. □

由此定理可知, 同余关系是等价关系.

对于整数 a, b, c, d, 如果

$$a \equiv b(\bmod m), \quad c \equiv d(\bmod m),$$

那么, 由定义 2.1.1, 有

$$m|a-b, \quad m|c-d,$$

则

$$m|(a+c)-(b+d).$$

此外, 由定理 2.1.1, 存在整数 q_1 与 q_2 使得

$$a = b + q_1 m, \quad c = d + q_2 m,$$

则

$$ac = bd + (q_1 q_2 m + q_1 d + q_2 b)m.$$

由此, 容易得到如下结论.

定理 2.1.3 设 a, b, c, d 是整数, 并且

$$a \equiv b (\mathrm{mod}\ m), \quad c \equiv d (\mathrm{mod}\ m), \tag{2.1.1}$$

则

(i) $a + c \equiv b + d (\mathrm{mod}\ m)$;

(ii) $ac \equiv bd\ (\mathrm{mod}\ m)$. □

定理 2.1.4 设 $a_i, b_i (0 \leqslant i \leqslant n)$ 以及 x, y 都是整数, 并且

$$x \equiv y (\mathrm{mod}\ m), \quad a_i \equiv b_i (\mathrm{mod}\ m), \quad 0 \leqslant i \leqslant n,$$

则

$$\sum_{i=0}^{n} a_i x^i \equiv \sum_{i=0}^{n} b_i y^i (\mathrm{mod}\ m). \tag{2.1.2}$$

□

利用最大公约数和最小公倍数的性质, 可以得到如下结论.

定理 2.1.5

(i) $a \equiv b\ (\mathrm{mod}\ m),\ d|m,\ d > 0 \Rightarrow a \equiv b\ (\mathrm{mod}\ d)$;

(ii) $a \equiv b\ (\mathrm{mod}\ m),\ k \in \mathbf{N} \Rightarrow ak \equiv bk\ (\mathrm{mod}\ mk)$;

(iii) $a \equiv b\ (\mathrm{mod}\ m_i),\ 1 \leqslant i \leqslant k \Rightarrow a \equiv b\ (\mathrm{mod}\ [m_1, m_2, \cdots, m_k])$;

(iv) $a \equiv b\ (\mathrm{mod}\ m) \Rightarrow (a, m) = (b, m)$;

(v) $ac \equiv bc\ (\mathrm{mod}\ m),\ (c, m) = 1 \Rightarrow a \equiv b\ (\mathrm{mod}\ m)$. □

例 2.1.1 设 $N = \overline{a_n a_{n-1} \cdots a_0}$ 是整数 N 的十进制表示, 即

$$N = a_n 10^n + a_{n-1} 10^{n-1} + \cdots + a_1 10 + a_0,$$

则

(i) $3|N \Leftrightarrow 3|\sum\limits_{i=0}^{n} a_i$;

(ii) $13|N \Leftrightarrow 13|\overline{a_2 a_1 a_0} - \overline{a_5 a_4 a_3} + \cdots$.

解 由

$$10^0 \equiv 1, 10^1 \equiv 1, 10^2 \equiv 1, \cdots (\mathrm{mod}\ 3)$$

及式 (2.1.2) 可知

$$N=\sum_{i=0}^{n}a_i10^i\equiv\sum_{i=0}^{n}a_i(\text{mod }3),$$

由上式可得到结论 (i).

为了证明结论 (ii), 只需利用式 (2.1.2) 及

$$10^0\equiv1,10^1\equiv-3,10^2\equiv-4,10^3\equiv-1,\cdots(\text{mod }13)$$

和

$$N=\overline{a_{n-1}a_{n-2}\cdots a_1a_0}=\overline{a_2a_1a_0}\cdot10^0+\overline{a_5a_4a_3}\cdot10^3+\cdots.$$

注 1　使用上例中的记号和方法, 可以证明:

$$9|N\Leftrightarrow9\left|\sum_{i=0}^{n}a_i;\quad 11|N\Leftrightarrow11\right|\sum_{i=0}^{n}(-1)^ia_i.$$

一般地, 在考虑使 $N=\overline{a_{n-1}a_{n-2}\cdots a_1a_0}$ 被 m 除的余数时, 首先是求出正整数 k, 使得

$$10^k\equiv-1\text{ 或 }1\ (\text{mod }m),$$

再将 $N=\overline{a_{n-1}a_{n-2}\cdots a_1a_0}$ 写成

$$N=\overline{a_{k-1}a_{k-2}\cdots a_1a_0}\cdot10^0+\overline{a_{2k-1}a_{2k-2}\cdots a_k}\cdot10^k+\cdots$$

的形式, 再利用式 (2.1.2).

例 2.1.2　求 $N=\overline{a_{n-1}a_{n-2}\cdots a_1a_0}$ 被 7 整除的条件, 并说明 1123456789 能否被 7 整除.

解　$10^0\equiv1,10^1\equiv3$, $10^2\equiv2$, $10^3\equiv-1$ (mod 7), 因此

$$\begin{aligned}N&=\overline{a_{n-1}a_{n-2}\cdots a_1a_0}=\overline{a_2a_1a_0}\cdot10^0+\overline{a_5a_4a_3}\cdot10^3+\cdots\\&\equiv\overline{a_2a_1a_0}-\overline{a_5a_4a_3}+\overline{a_8a_7a_6}-\cdots(\text{mod }7),\end{aligned}$$

即

$$7|N\Leftrightarrow7|\overline{a_2a_1a_0}-\overline{a_5a_4a_3}+\overline{a_8a_7a_6}-\cdots.$$

由于

$$789-456+123-1=455,\quad 7|455,$$

所以 7|1123456789.

例 2.1.3　说明 $2^{2^5}+1$ 是否被 641 整除.

解 依次计算同余式

$$2^2 \equiv 4, 2^4 \equiv 16, 2^8 \equiv 256, 2^{16} \equiv 154, 2^{32} \equiv -1 (\bmod 641).$$

因此

$$2^{2^5} + 1 \equiv 0 (\bmod 641),$$

即 $641 | 2^{2^5} + 1$.

注 2 一般地, 计算 $a^b \pmod{m}$ 常是一件比较繁复的工作. 但是, 如果利用 Euler 定理或 Fermat 定理 (见第 4 章) 就可以适当简化.

例 2.1.4 求 $(257^{33} + 46)^{26}$ 被 50 除的余数.

解 利用定理 2.1.4 有

$$\begin{aligned}(257^{33} + 46)^{26} &\equiv (7^{33} - 4)^{26} = [7 \cdot (7^2)^{16} - 4]^{26} \\ &\equiv [7 \cdot (-1)^{16} - 4]^{26} = (7 - 4)^{26} \\ &\equiv 3^{26} = 3 \cdot (3^5)^5 \equiv 3 \cdot (-7)^5 = -3 \cdot 7 \cdot (7^2)^2 \\ &\equiv -21 \equiv 29 (\bmod 50),\end{aligned}$$

即所求的余数是 29.

例 2.1.5 求 $n = 7^{7^7}$ 的个位数.

解 由

$$7^1 \equiv -3, 7^2 \equiv -1, 7^4 \equiv 1 (\bmod 10),$$

可见, 若

$$7^7 \equiv r (\bmod 4),$$

则

$$n = 7^{7^7} \equiv 7^r (\bmod 10). \tag{2.1.3}$$

容易计算 $7^7 \equiv (-1)^7 \equiv -1 \equiv 3 \pmod{4}$, 于是由式 (2.1.3) 得到

$$n = 7^{7^7} \equiv 7^3 \equiv (-3)^3 \equiv -7 \equiv 3 (\bmod 10),$$

即 n 的个位数是 3.

注 3 一般地, 若求 a^{b^c} 对模 m 的同余, 可分以下步骤进行:

(i) 求出最小的正整数 k, 使 $a^k \equiv 1 \pmod{m}$;

(ii) 求出正整数 r, $r < k$, 使得 $b^c \equiv r \pmod{k}$;

(iii) $a^{b^c} \equiv a^r \pmod{m}$.

例 2.1.6 证明: 若 $2 \nmid a$, n 是正整数, 则

$$a^{2^n} \equiv 1 (\bmod 2^{n+2}). \tag{2.1.4}$$

解　设 $a = 2k+1$, 当 $n = 1$ 时, 有

$$a^2 = (2k+1)^2 = 4k(k+1) + 1 \equiv 1(\bmod 2^3),$$

即式 (2.1.4) 成立.

设式 (2.1.4) 当 $n = k$ 成立, 则

$$a^{2^k} \equiv 1(\bmod 2^{k+2}) \Rightarrow a^{2^k} = 1 + q2^{k+2},$$

其中 $q \in \mathbf{Z}$, 所以

$$a^{2^{k+1}} = (1 + q2^{k+2})^2 = 1 + q'2^{k+3} \equiv 1(\bmod 2^{k+3}),$$

其中 q' 是某个整数. 这说明式 (2.1.4) 当 $n = k+1$ 也成立.

由归纳法知式 (2.1.4) 对所有正整数 n 成立.

例 2.1.7　设 p 是素数, a 是整数, 则由 $a^2 \equiv 1(\bmod p)$ 可以推出

$$a \equiv 1 \text{ 或 } a \equiv -1(\bmod p).$$

解　由于

$$a^2 \equiv 1(\bmod p) \Rightarrow p|a^2 - 1 = (a+1)(a-1),$$

所以

$$p|a+1 \text{ 或 } p|a-1,$$

即 $a \equiv -1(\bmod p)$ 或 $a \equiv 1\ (\bmod p)$.

习　题　2.1

1. 证明定理 2.1.1、定理 2.1.2 和定理 2.1.5.
2. 求 8^{1234} 被 13 除的余数.
3. 设 $f(x)$ 是整系数多项式, 并且 $f(1), f(2), \cdots, f(m)$ 都不能被 m 整除, 则 $f(x) = 0$ 没有整数解.
4. 已知 $99|\overline{62\alpha\beta427}$, 求 α 与 β.

2.2　计算星期几

要知道几天或几十天以后的某一天是星期几, 只要计算一下被 7 除的余数就可以了. 但是, 如果要知道几百年甚至几千年以后的某一天是星期几, 那就比较困难了, 因为每个月所含的天数不一样, 而且, 还会有闰年. 现在, 我们就考虑计算星期几的问题.

按现行公历历法, 每年有 365 天, 若这一年是闰年, 则有 366 天, 二月有 29 天. 闰年是这样确定的: 公元年份数不被 100 整除但被 4 整除, 或者年份数被 400 整除.

如果某一年是闰年, 这一年的二月比正常年份的二月多一天, 这样, 从这一年的三月一日开始, 星期数都受到这闰月的影响, 同时, 这一年的一月和二月里的星期数却不受影响. 这样, 就使得同一年里的计算有些不方便. 所以, 为了计算方便, 我们把三月一日作为计算星期数的基点. 此外, 公元 1600 年以来, 全世界大部分地区使用现行的公历历法. 因此, 我们考虑一个从 1600 年起使用的计算星期几的公式.

以下, 我们使用记号:

$N=100c+y$表示年份, 其中$0\leqslant y\leqslant 99$;

m 表示月份, $m=1$ 表示三月, $m=2$ 表示四月, $\cdots$, $m=12$ 表示二月;

$d_N(m)$ 表示第 N 年 m 月 1 日的星期数.

假设 $d_{1600}(1)$ 是已知的. 我们首先计算 $d_N(1)$, 即第 N 年 3 月 1 日的星期数.

一个正常年有 365 天. 因为

$$365\equiv 1(\bmod 7),$$

所以, 每过一个正常年, 星期数就增加 1; 每过一个闰年, 星期数就增加 2.

以 r 表示从 1600 年到 N 年的闰年数, 我们得到

$$d_N(1)\equiv d_{1600}(1)+N-1600+r(\bmod 7). \tag{2.2.1}$$

由闰年的确定方法, 我们有

$$\begin{aligned} r&=\left[\frac{100c+y-1600}{4}\right]-\left[\frac{100c+y-1600}{100}\right]+\left[\frac{100c+y-1600}{400}\right]\\ &=25c+\left[\frac{y}{4}\right]-400-c-\left[\frac{y}{100}\right]+16+\left[\frac{100c+y}{400}\right]-4\\ &=\left[\frac{y}{4}\right]+24c-\left[\frac{y}{100}\right]+\left[\frac{100c+y}{400}\right]-388. \end{aligned} \tag{2.2.2}$$

此处 $[x]$ 的定义见 1.1 节注 2.

设 $c=4q+s$, $0\leqslant s\leqslant 3$, 那么, 由于 $0\leqslant y\leqslant 99$, $100s+y<400$, 所以

$$\left[\frac{y}{100}\right]=0,\quad \left[\frac{100s+y}{400}\right]=0,$$

因此, 由式 (2.2.2) 得到

$$r=\left[\frac{y}{4}\right]+24c+\left[\frac{400q+100s+y}{400}\right]-388$$

$$= \left[\frac{y}{4}\right] + 24c + q - 388$$
$$= \left[\frac{y}{4}\right] + 24c + \left[\frac{c}{4}\right] - 388, \tag{2.2.3}$$

$$\begin{aligned} d_N(1) &\equiv d_{1600}(1) + N - 1600 + r \\ &\equiv d_{1600}(1) + 100c + y - 1600 + \left[\frac{y}{4}\right] + 24c + \left[\frac{c}{4}\right] - 388 \\ &\equiv d_{1600}(1) - 2c + y + \left[\frac{y}{4}\right] + \left[\frac{c}{4}\right] \pmod 7. \end{aligned} \tag{2.2.4}$$

为了确定 $d_{1600}(1)$ 的数值, 可以把一个已知的数据代入式 (2.2.4), 例如, 我们知道 1998 年 3 月 1 日是星期日, 即 $d_{1998}(1) \equiv 0 \pmod 7$, 代入式 (2.2.4), 得到

$$0 \equiv d_{1600}(1) - 2 \cdot 19 + 98 + \left[\frac{98}{4}\right] + \left[\frac{19}{4}\right] \equiv d_{1600}(1) + 4 \pmod 7,$$

所以 $d_{1600}(1) = 3$, 即 1600 年的 3 月 1 日是星期三. 将这个数值代入式 (2.2.4), 得到

$$d_N(1) \equiv 3 - 2c + y + \left[\frac{y}{4}\right] + \left[\frac{c}{4}\right] \pmod 7. \tag{2.2.5}$$

现在, 我们已经能够计算 N 年的 3 月 1 日是星期几. 为了计算这一年的 m 月 k 日是星期几, 我们先计算 $d_N(m)$, 即 N 年 m 月 1 日的星期数. 容易知道:

3 月是 31 天, 所以 $d_N(2) \equiv d_N(1) + 3 \pmod 7$,
4 月是 30 天, 所以 $d_N(3) \equiv d_N(1) + 5 \pmod 7$,
5 月是 31 天, 所以 $d_N(4) \equiv d_N(1) + 8 \pmod 7$,
6 月是 30 天, 所以 $d_N(5) \equiv d_N(1) + 10 \pmod 7$,
7 月是 31 天, 所以 $d_N(6) \equiv d_N(1) + 13 \pmod 7$,
8 月是 31 天, 所以 $d_N(7) \equiv d_N(1) + 16 \pmod 7$,
9 月是 30 天, 所以 $d_N(8) \equiv d_N(1) + 18 \pmod 7$,
10 月是 31 天, 所以 $d_N(9) \equiv d_N(1) + 21 \pmod 7$,
11 月是 30 天, 所以 $d_N(10) \equiv d_N(1) + 23 \pmod 7$,
12 月是 31 天, 所以 $d_N(11) \equiv d_N(1) + 26 \pmod 7$,
1 月是 31 天, 所以 $d_N(12) \equiv d_N(1) + 29 \pmod 7$.

利用上面的数字已经很容易计算 N 年的 m 月 k 日是星期几. 下面, 我们找一个更简单的公式. 从上面的数字可以看出, 从 3 月 1 日到 2 月 1 日的 11 个月中, 星期数 "增加" 了 29 天, 平均每月 "增加" 2.6 天, 因此, 我们来找一个形如 $[2.6m - a]$ 的公式, 其中 m 是月份, a 是某个适当的数. 经过验证, 发现函数 $f(m) = [2.6m - 0.2] - 2$ 满足这些条件:

$$f(1) = 0, f(2) = 3, f(3) = 5, f(4) = 8, \cdots, f(12) = 29.$$

利用这个函数, 我们得到 N 年 m 月 1 日的星期数是

$$d_N(m) \equiv d_N(1) + [2.6m - 0.2] - 2 (\mathrm{mod}\ 7).$$

因此, N 年 m 月 k 日的星期数 $W(N, m, k)$ 是

$$W(N, m, k) = d_N(m) + k - 1 \equiv d_N(1) + [2.6m - 0.2] + k - 3 (\mathrm{mod}\ 7),$$

由式 (2.2.5), 得到

$$W(N, m, k) \equiv k - 2c + y + \left[\frac{y}{4}\right] + \left[\frac{c}{4}\right] + [2.6m - 0.2] (\mathrm{mod}\ 7). \tag{2.2.6}$$

利用上式我们就能较容易地计算出任意给定的 N 年 m 月 k 日的星期数 $W(N, m, k)$ 了.

例 2.2.1 问: 1976 年 8 月 6 日是星期几?

解 将 $N = 1976$, $c = 19$, $y = 76$, $m = 6$, $k = 6$ 代入式 (2.2.6), 得到

$$W(1976, 6, 6) \equiv 6 - 38 + 76 + \left[\frac{76}{4}\right] + \left[\frac{19}{4}\right] + [2.6 \cdot 6 - 0.2] \equiv 5 (\mathrm{mod}\ 7),$$

即 1976 年 8 月 6 日是星期五.

例 2.2.2 问: 1978 年 2 月 24 日是星期几?

解 将 $N = 1977$, $c = 19$, $y = 77$, $m = 12$, $k = 24$ 代入式 (2.2.6), 得到

$$W(1977, 12, 24) \equiv 24 - 38 + 77 + \left[\frac{77}{4}\right] + \left[\frac{19}{4}\right] + [2.6 \cdot 12 - 0.2] \equiv 5 (\mathrm{mod}\ 7),$$

即 1978 年 2 月 24 日是星期五.

注意, 在例 2.2.2 中, 一月和二月分别是作为上一年的十一月和十二月.

习题 2.2

1. 问: 2005 年 4 月 19 日是星期几?
2. 问: 2009 年 2 月 19 日是星期几?

2.3 循环比赛

有 N 个球队要进行循环赛, 最少需要安排几轮比赛, 才能完成循环赛呢?

由于是进行循环赛, 每个队要和另外的队都比赛过, 所以至少要进行 $N-1$ 轮比赛.

用 r 表示在每一轮比赛中所进行的比赛场数, 则

$$r=\begin{cases}\dfrac{N}{2}, & \text{当 } N \text{ 是偶数},\\ \dfrac{N-1}{2}, & \text{当 } N \text{ 是奇数}.\end{cases}$$

如果 N 是奇数, 那么, 在每一轮比赛中总有一个队不参加比赛. 这时, 我们把一个"假想的" 球队 X 加到这 N 个球队中, 就有了 $N+1$ 个球队. 现在, 在每一轮比赛中对这 $N+1$ 个球队进行安排, 并且规定: 凡是被安排和 X 队比赛的球队, 就是没有比赛的球队. 这样, N 是奇数的情形就可以化为 N 是偶数的情形, 因此, 不妨假定 N 是偶数.

为了叙述方便, 我们用 $1, 2, \cdots, N$ 表示这 N 个球队, 用 $x_i(1 \leqslant x_i \leqslant N)$ 表示在第 i 轮比赛中与 x 队进行比赛的球队.

下面提出的比赛安排用 $N-1$ 轮比赛就可以完成循环赛.

安排方法: 在第 $i(1 \leqslant i \leqslant N-1)$ 轮比赛中, 与球队 x 比赛的球队 x_i 是:

(i) 当 $x=N$ 时, 取

$$N_i=\begin{cases}\dfrac{i}{2}, & \text{当 } i \text{ 是偶数},\\ \dfrac{i+N-1}{2}, & \text{当 } i \text{ 是奇数}.\end{cases} \tag{2.3.1}$$

显然 $N \neq N_i$.

(ii) 当 $x \neq N$ 且

$$x \neq \begin{cases}\dfrac{i}{2}, & \text{当 } i \text{ 是偶数},\\ \dfrac{i+N-1}{2}, & \text{当 } i \text{ 是奇数}\end{cases} \tag{2.3.2}$$

时, 取 x_i 满足

$$x+x_i \equiv i(\bmod N-1), \quad 1 \leqslant x_i \leqslant N-1. \tag{2.3.3}$$

下面证明, 这样的安排满足要求.

首先, 我们指出在每一轮比赛中, 不同球队的比赛对手是不同的, 即, 若 $x \neq x'$, 则 $x_i \neq x_i'(1 \leqslant i \leqslant N-1)$.

我们分三种情况进行证明.

(i) 若 x 与 x' 都不等于 N, 则 $1 \leqslant x, x' \leqslant N-1$, 于是

$$x-x' \not\equiv 0(\bmod N-1),$$

由式 (2.3.3) 得到

$$x+x_i \equiv x'+x'_i, \quad 0 \not\equiv x-x' \equiv x'_i - x_i (\bmod N-1), \tag{2.3.4}$$

因此, $x_i \neq x'_i$.

(ii) 若 $x=N, x'=N_i$, 则 $x_i=N_i, x'_i=N$, 显然 $x_i \neq x'_i$.

(iii) 若 $x = N$, 但 x' 不满足式 (2.3.2), 则 x'_i 由式 (2.3.3) 定义, 此时, 如果 $x'_i = x_i = N_i$, 那么, 由式 (2.3.3) 和式 (2.3.1) 可知, 当 i 是偶数, 我们有

$$x'+x'_i = x'+\frac{i}{2} \equiv i, \quad x' \equiv \frac{i}{2} (\bmod N-1); \tag{2.3.5}$$

当 i 是奇数, 我们有

$$x'+x'_i = x'+\frac{i+N-1}{2} \equiv i, \quad x' \equiv \frac{i+N-1}{2} (\bmod N-1). \tag{2.3.6}$$

但是, 由于对 x' 的假定, 式 (2.3.5) 或式 (2.3.6) 都不能成立.

其次, 我们指出, 每一个队 x 在每一轮比赛中的对手不是它自己, 即对于 $1 \leqslant i \leqslant N-1$, 必定 $x \neq x_i$. 当 $x=N$ 时, 由式 (2.3.1) 可知 $N \neq N_i$. 当 $1 \leqslant x \leqslant N-1$, 且式 (2.3.2) 满足时, 若 $x=x_i$, 则式 (2.3.3) 给出

$$2x \equiv x+x_i \equiv i (\bmod N-1),$$

这说明 x 不满足式 (2.3.2), 这个矛盾说明 $x \neq x_i$.

最后, 我们指出, 对于每一个确定的队 x, 它在每一轮比赛中的对手是不同的, 即

$$x_{i_1} \neq x_{i_2}, \quad i_1 \neq i_2 (1 \leqslant i_1, i_2 \leqslant N-1). \tag{2.3.7}$$

(i) 先看球队 N. 如果

$$N_{i_1} = N_{i_2} \quad (1 \leqslant i_1, i_2 \leqslant N-1),$$

则由式 (2.3.1) 得到,

$$i_1 \equiv 2N_{i_1} = 2N_{i_2} \equiv i_2 (\bmod N-1),$$

因此 $i_1 = i_2$.

(ii) 再看球队 x, $x<N$. 如果 $x_{i_1} = x_{i_2} = N$, 则

$$N_{i_1} = N_{i_2} \quad (1 \leqslant i_1, i_2 \leqslant N-1),$$

因此, 由上面在 (i) 中的讨论, 可知 $i_1 = i_2$. 如果 $x_{i_1} = x_{i_2} \neq N$, 那么, 由式 (2.3.3) 得到

$$i_1 \equiv x + x_{i_1} = x + x_{i_2} \equiv i_2 (\mathrm{mod}\ N-1),$$

因此 $i_1 = i_2$.

以上讨论说明, 用上面的安排方法可以在 $N-1$ 轮比赛中完成 N 个球队的循环赛.

下面, 我们举出两个例子说明具体的安排方法. 表格中, 第 k 行第 m 列上的数字就是第 k 轮中与球队 m 进行比赛的球队所对应的数字. 如果在这个位置上没有数字, 就表示球队 m 在第 k 轮比赛中没有赛事.

例 2.3.1　五个球队进行循环赛的比赛程序:

	1	2	3	4	5
1	5	4		2	1
2		5	4	3	2
3	2	1	5		3
4	3		1	5	4
5	4	3	2	1	

例 2.3.2　八个球队进行循环赛的比赛程序:

	1	2	3	4	5	6	7	8
1	7	6	5	8	3	2	1	4
2	8	7	6	5	4	3	2	1
3	2	1	7	6	8	4	3	5
4	3	8	1	7	6	5	4	2
5	4	3	2	1	7	8	5	6
6	5	4	8	2	1	7	6	3
7	6	5	4	3	2	1	8	7

习　题　2.3

1. 编一个有十个球队进行循环赛的程序表.
2. 编一个有九个球队进行循环赛的程序表.

第3章　简单密码

在社会生活中，人们需要安全地保存或传送一些重要的信息 (文件，资料等). 对它们进行加密处理，使之以“伪装”的形式出现，是最常用和有效的手段.

一个有实用价值的加密方法应该满足两个基本条件：第一，原始文件的所有者以及合法的文件接受者将文件加密，以及将加密后的文件恢复成原始文件的过程是方便的；第二，任何其他人通过加密后的文件了解原始文件是困难的.

在本章中，主要介绍两种简单的加密方法.

3.1　仿射加密

定义 3.1.1　未经过加密处理的原始信息，称为明文；加密处理后的信息 (信息的伪装形式) 称为密文；将明文转换为密文的过程，称为加密过程，或加密；合法接收者将密文恢复为它所表示的明文的过程，称为解密过程，或解密.

通常，明文或密文是用某些固定的符号组成. 例如，可以是拉丁字母 a,b, $\cdots$, 标点符号 “,” “?” “!”, 空格符号 “　”, 或其他另外的符号. 称这些符号的集合为符号表.

在加密时，又常将明文分成若干个单元 (或称段节)，每个单元含有个数相同的符号，称这些单元为明文单元；相应地，有密文单元；它们统称为信息单元. 每个信息单元所含符号的个数，称为它的长度. 在将信息分成单元时. 可能出现一个单元所含符号的个数少于其他单元中的符号个数的情况. 此时，一般地，可以补加几个符号，使这个单元与其他单元有相同的符号个数. 但是所补加的符号不能使原文的含义变化，也不能影响加密系统的安全性，即不减弱破译密文的困难程度.

以后的叙述上将不区别信息与信息单元.

定义 3.1.2　用 P 表示所有明文单元的集合，E 表示所有密文单元的集合，并分别称为明文单元空间 (或明文空间) 和密文单元空间 (或密文空间). 设 f 是集合 P 到 E 上的映射，则称 f 是一个加密方法 (或加密函数，或加密映射).

一般地，一个加密方法包括加密算法与加密钥两部分. 加密算法由公式或计算程序等运算法则组成，是相对稳定的，通常是公开的. 加密钥，是算法中的参数，它是相对不稳定的，经常变的，是保密的，所有可使用的密钥所成的集合，称为密钥空间.

注 1 通常, 将加密方法用 $f_k(p)$ 表示, $p \in P$, 其中 k 表示一个与加密钥有关的参量.

定义 3.1.3 利用已知的关于部分密文、部分明文, 以及它们之间某种联系的知识, 由密文单元获得明文单元的过程, 称为密码分析, 或称破译.

一般地, 密码分析是指非法接收者在不掌握解密方法, 或不掌握解密钥时, 从密文得到相应的明文的过程.

用 f_k^{-1} 表示与加密方法 f_k 对应的解密方法, 则 $f_k^{-1}(f_k(p)) = p$. 一般地, f_k^{-1} 可能含有一个与密钥有关的信息 k', 称为解密钥. 所有解密钥的集合, 称为解密钥空间.

定义 3.1.4 密码系统由明文空间、密文空间、加密钥空间、解密钥空间、加密方法, 以及解密方法构成.

早期研究和使用的密码系统主要是传统密码系统. 它的特点是, 由 f_k 容易求 f_k^{-1}, 这包括已知加密钥容易求出解密钥. 因此, 加密钥的保护与解密钥的保护是同等重要的, 这也是传统密码学有别于其他密码系统的本质特征. 为此, 需要建立一个传送密钥的安全秘密通道, 这增加了系统的不安全性.

本章主要研究传统密码系统. 图 3.1 说明了传统密码系统的编制和密码分析的关系与过程.

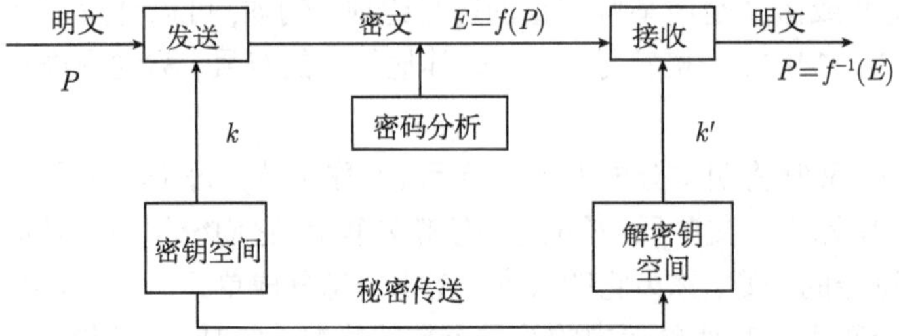

图 3.1 传统密码的编制、传送和分析

对于密码系统的评价, 主要是安全和方便. 具体地说, 第一, 由明文 P, 求出密文 $E = f_k(P)$ 在计算上是容易的; 第二, 知道解密钥时, 由密文 E 求出明文 P 在计算上是容易的; 第三, 不知道解密钥时, 由密文 E 求出明文 P 是不可能的, 或者, 至少在计算上是困难的, 这是对密码系统安全性的要求. 要注意的是, 所谓密码系统的安全性, 主要是指密文“实际上不可破译”, 即在明文需要保密的某个时间范围内, “非法”接收到密文的人不能从密文得到明文.

在理论上, 完全保密的密码系统, 或不可破译的密码系统是存在的. 使用这样的系统时, “非法”接收到密文的人得到密文无助于他去确定相应的明文. 但是在实际应用中, 使用这样的密码系统有许多技术上的困难, 因而很少被采用.

为了使用数学手段实现对密码系统的研究, 需要将信息单元与数学符号建立联系, 建立数学模型. 这有不同的方式. 例如, 可以用数字表示信息单元, 也可以用矩阵、向量、曲线上的点, 或其他数学符号表示信息单元.

现在, 我们说明如何用整数或 $\mathbf{Z}/m\mathbf{Z}$(m 是正整数) 中的元素表示信息单元.

如前所述, 信息单元由构成信息的符号组成, 这些符号取自符号表. 设这个符号表含有 N 个符号, 那么, 可以将它们分别与整数 $0,1,\cdots,N-1$ 建立一一对应关系, 今后, 在谈到符号表时, 常是同时确定了这样一种对应关系. 例如, 若符号表由 26 个英文字母 $\mathrm{a,b,c},\cdots,\mathrm{x,y,z}$, 标点符号 "!" "?" 以及 " "(空格) 组成, 那么, 可取 $N=29$, 并作以下对应:

$$\mathrm{a}\to 0,\quad \mathrm{b}\to 1,\quad \cdots,\quad \mathrm{y}\to 24,\quad \mathrm{z}\to 25,$$

$$!\to 26,\quad ?\to 27,\quad \text{“ ”}\to 28(\text{空格与 28 对应}).$$

若信息单元 p 含有符号 $p_0,\cdots,p_{k-1}$, 则记为 $p=(p_0,p_1,\cdots,p_{k-1})$. 在不致造成混乱的情况下, 我们也用 p_i 表示它所对应的整数, 即 $0\leqslant p_i\leqslant N-1(1\leqslant i\leqslant k)$, 这样, 就用

$$p\to p_0N^{k-1}+p_1N^{k-2}+\cdots+p_{k-2}N+p_{k-1}. \tag{3.1.1}$$

建立了信息单元空间与整数集合 $\{0,1,\cdots,N^k-1\}$ 之间的对应, 显然这是一个一一对应关系.

例 3.1.1 假设符号表中只有符号 a, b, c, $\cdots$, x, y, z 以及空格 " ", 分别在

(i) 信息单元含一个符号,

(ii) 信息单元含两个符号,

这两种情形下, 写出与明文

YOU PAY ME

对应的整数串.

解 使 a, b, c, $\cdots$, x, y, z 分别与 $0,1,\cdots,24,25$ 对应, 使空格与 26 对应.

(i) 信息单元含一个符号时, 明文对应的整数串是

$$\text{YOU PAY ME}\to 24,14,20,26,15,0,24,26,12,4.$$

(ii) 信息单元含两个符号时, 先将明文分成长度为 2 的几个单元, 即

$$\underline{\text{YO}}\ \underline{\text{U }}\ \underline{\text{PA}}\ \underline{\text{Y }}\ \underline{\text{ME}},$$

利用 (3.1.1) 式求出每个单元所对应的整数:

$$
\begin{aligned}
&\text{YO} \to 24 \cdot 27 + 14 = 662,\\
&\text{U} \quad \to 20 \cdot 27 + 26 = 566,\\
&\text{PA} \to 15 \cdot 27 + 0 = 405,\\
&\text{Y} \quad \to 24 \cdot 27 + 26 = 674,\\
&\text{ME} \to 12 \cdot 27 + 4 = 328,
\end{aligned}
$$

因此,

$$\text{YOU} \quad \text{PAY} \quad \text{ME} \to 662, 566, 405, 674, 328.$$

例 3.1.2 仍使用例 3.1.1 中的符号表及符号与整数的对应关系. 已知某信息对应的整数串是 17894, 19359, 18210, 3644, 并且每个信息单元含有三个符号, 试求出信息原文.

解 由 (3.1.1) 式可知, $p_0, \cdots, p_k$ 就是与信息单元所对应的整数的 N 进制表示中的位数码. 因此, 由

$$17894 = 24 \cdot 27^2 + 14 \cdot 27 + 20$$

可知

$$17894 \to 241420 \to \text{YOU}.$$

同样地, 由

$$
\begin{aligned}
19359 &= 26 \cdot 27^2 + 15 \cdot 27 + 0,\\
18210 &= 24 \cdot 27^2 + 26 \cdot 27 + 12,\\
3644 &= 4 \cdot 27^2 + 26 \cdot 27 + 26
\end{aligned}
$$

得到

$$
\begin{aligned}
&19359 \to 26\ 15\ 0 \to \quad \text{PA},\\
&18210 \to 24\ 26\ 12 \to \text{Y} \quad \text{M},\\
&3644 \to 4\ 26\ 26 \to \text{E} \quad .
\end{aligned}
$$

这样, 整个原文是 YOU PAY ME (在字母 E 的后面, 有两个空格, 这是当初将明文分成长度为 3 的单元时, 在最后一个单元中加进去的, 用以使这个单元的长度是 3).

以下在本书中, 在谈到信息单元时, 除特别声明外, 都是指它所对应的整数 (或 $\mathbf{Z}/m\mathbf{Z}$ 的元素), 这意味着, 已经给定了一个符号表, 以及有了信息单元空间与某个整数集合之间的一一对应. 于是, 一个将明文转换成密文的加密变换 (加密算法), 就是在这个数字集合上所定义的映射了.

以 P 和 E 分别表示长度为 k 的明文单元和密文单元, 也用它们表示相应的在 0 与 N^k-1 之间的整数.

定义 3.1.5 设正整数 a,b 和 k 满足条件

$$(a,N)=1,\quad 0\leqslant b<N^k,$$

由

$$E\equiv aP+b(\bmod\ N^k) \tag{3.1.2}$$

确定的加密方法, 称为仿射加密方法, 其中 E 是 $ap+b$ 对于模 N^k 的最小非负剩余.

由此定义, 若已知密文 E, 则可由

$$P\equiv a^{-1}(E-b)(\bmod\ N^k) \tag{3.1.3}$$

求出明文 P, 其中 $a^{-1}\cdot a\equiv 1(\bmod\ N^k)$, P 是 $a^{-1}(E-b)$ 对于模 N^k 的最小非负剩余.

例 3.1.3 设符号 a, b,$\cdots$, y, z 分别与整数 0,1,$\cdots$,24,25 对应. 在定义 3.1.5 中取 $a=1,b=3$, 就得到所谓“恺撒密码”:

$$E\equiv P+3(\bmod\ 26).$$

据此, 明文 YES 对应的密文是

$$\text{YES}\to 24\quad 4\quad 18\to 1\quad 7\quad 21\to \text{BHV}.$$

例 3.1.4 已知明文单元与密文单元的长度都是 1(即只含一个符号), 符号表是 26 个英文字母 a,b, $\cdots$, y, z 组成的, 并且它们分别与 $0,1,\cdots,24,25$ 对应, 使用公式

$$E\equiv P+b(\bmod\ 26),\quad 0\leqslant E,b<26$$

加密. 若已知明文字母 e 与密文字母 u 对应, 试求出解密方法.

解 由 e $\to$ 4, u $\to$ 20, 以及已知的对应关系, 可知

$$20\equiv 4+b(\bmod\ 26).$$

因此 $b=16$. 所以, 解密公式为

$$P\equiv E-16(\bmod\ 26),\quad 0\leqslant p<26.$$

一般地, 对于由 (3.1.2) 式定义的仿射加密方法, 只要知道两对 (不同的) 相对应的明文单元和密文单元 P_1, E_1 与 P_2, E_2: $P_1 \to E_1$, $P_2 \to E_2$, 就可以求出解密方法, 事实上, 由 (3.1.2) 式及已知的对应关系,

$$E_1 \equiv aP_1 + b(\bmod N^k),$$

$$E_2 \equiv aP_2 + b(\bmod N^k),$$

所以

$$E_2 - E_1 \equiv a(P_2 - P_1)(\bmod N^k).$$

以 $P_i^{-1}(1 \leqslant i \leqslant l)$ 表示同余方程

$$x(P_2 - P_1) \equiv 1(\bmod N^k)$$

的全部解, 并且, 对于 $1 \leqslant i \leqslant l$, 记

$$a_i \equiv P_i^{-1}(E_2 - E_1)(\bmod N^k), \quad 0 \leqslant a_i \leqslant N^k$$

与

$$b_i \equiv E_1 - a_i P_1(\bmod N^k), \quad 0 \leqslant b_i < N^k,$$

则 a_i 与 $b_i(1 \leqslant i \leqslant l)$ 就可能是 (3.1.2) 式中所使用的 a 和 b. 当 $(P_2 - P_1, N^k) = 1$ 时, 这样的 a_i 与 b_i 只有一组. 当 $(P_2 - P_1, N^k) = l > 1$ 时, 为了确定出正确的 a 和 b, 首先, 利用定义 3.1.5 中的条件 $(a, N) = 1$ 删去某些 a_i 与 b_i; 其次, 可试译部分密文, 用以判定出正确的 a 和 b. 将确定了的 a, b 代入 (3.1.3) 式, 就得到解密公式.

在现实生活中, 无论使用什么语言符号传送信息, 各个信息单元的出现频率总是有差异的. 例如, 在英语的 26 个字母中, 出现频率较高的是 e, t, a, o, n 等, 较低的是 z, q, j, x, k 等. 若以两个或多个字母 (或其他符号) 构成单元, 经过大量的统计分析之后, 仍可发现各个单元出现频率的差异. 因此, 密码分析人员就可以利用统计手段, 通过比较明文单元和密文单元的出现频率, 猜出两对 (或几对) 互相对应的信息单元, 从而利用上面的方法得到解密公式. 因此, 仿射加密系统尽管具有加密与解密速度快的优点, 却是不安全的.

例 3.1.5 已知信息单元含一个符号, 并且符号表由 26 个英文字母 a, b, $\cdots$, y, z, 空格 “ ”, 以及 “?” 组成, 它们分别与 $0, 1, \cdots, 24, 25, 26$ 以及 27 对应. 此外, 已知密文中出现频率最高的三个符号依次是 b, ? 与 i, 而且, 在用这 28 个符号写成的正常英文中, 出现频率最高的依次是空格, e 与 t, 试求解密公式.

解 设解密公式为

$$P \equiv a'E + b'(\text{mod } 28), \quad 0 \leqslant P < 28,$$

则由已知的符号与数字的对应关系, 比较出现频率的高低, 可以假定空格与 e 分别对应着 "b" 与 "?", 于是

$$26 \equiv a' \cdot 1 + b'(\text{mod } 28),$$

$$4 \equiv a' \cdot 27 + b'(\text{mod } 28).$$

将两式相减, 得到

$$26a' \equiv -22 \equiv 6(\text{mod } 28).$$

这个同余方程有两个解: $a'_1 \equiv 11(\text{mod } 28)$, $a'_2 \equiv 25(\text{mod } 28)$. 相应地, 就有 $b'_1 \equiv 15(\text{mod } 28)$, $b'_2 \equiv 1(\text{mod } 28)$.

这样, 得到了两个可能的解密方法:

(i)$P \equiv 11E + 15(\text{mod } 28)$;

(ii)$P \equiv 25E + 1(\text{mod } 28)$.

再通过比较出现频率, 又可假定 i 与 t 对应 (它们对应的数字分别是 8 与 19), 并分别代入 (i) 与 (ii) 进行验证, 可知解密方法 (i) 是正确的.

例 3.1.6 已知信息单元含两个符号, 它们取自例 3.1.1 中的符号表. 在统计分析之后发现, 密文中出现频率最高的信息单元依次是 za, ia 与 iw. 已知在正常英文中出现频率最高的信息单元依次是 e (即 e 与空格), s 与 t . 试求出所使用的仿射加密方法的解密公式.

解 通过比较出现频率, 可以假定密文单元 za, ia 与 iw 分别与明文单元对应 e , s 与 t 对应, 即

$$675 \to 134, \quad 216 \to 512, \quad 238 \to 721.$$

设解密公式为

$$P \equiv a'E + b'(\text{mod } 27^2), \quad 0 \leqslant P < 27^2 = 729,$$

则由三对对应关系得到

$$134 \equiv 675a' + b'(\text{mod } 729), \tag{3.1.4}$$

$$512 \equiv 216a' + b'(\text{mod } 729), \tag{3.1.5}$$

$$721 \equiv 238a' + b'(\text{mod } 729). \tag{3.1.6}$$

将 (3.1.4) 式与 (3.1.6) 式相减, 得到

$$437a' \equiv 142 (\text{mod } 729).$$

因此, $a' \equiv 374 (\text{mod } 729)$, $a' \equiv 374$. 代入 (3.1.4) 式, 得到 $b' \equiv 647 (\text{mod } 729)$, $b' \equiv 647$. 所求的解密公式是

$$P \equiv 374E + 647 (\text{mod } 729), \quad 0 \leqslant P < 729.$$

注 2　一般说来, 由 (3.1.4)~(3.1.6) 三个方程中的任何两个都可以确定 a' 与 b' 可能取的值 (不一定像利用 (3.1.4) 式和 (3.1.6) 式那样, 只有一组解). 如果将 (3.1.4) 式与 (3.1.5) 式相减, 就得到

$$459a' \equiv 351 (\text{mod } 729).$$

由于 $(459, 729) = 27$, 所以这个同余方程对于模 729 有 27 个不同的解, 于是, 得到 27 组可能的 a' 与 b' 的值. 为了确定出正确的一组, 需要像在例 3.1.5 中那样进行验证, 这造成一些技术上的困难. 因此, 要尽量减少需要验证的解的个数.

注 3　例 3.1.6 中的方法, 原则上对于处理信息单元长度为 k 时的仿射加密系统也是有效的, 不过, 那时需要知道长度为 k 的信息单元的出现频率. 此外, 下面的分析也有助于寻求解密公式.

设明文单元与密文单元分别是 $P_0 = (p_0, \cdots, p_{k-1})$ 与 $E_0 = (e_0, \cdots, e_{k-1})$, 其中 $0 \leqslant p_i, e_i < N (0 \leqslant i \leqslant k-1)$. 为了寻求使

$$P \equiv a'E + b' (\text{mod } N^k)$$

成立的 a' 与 b', 将 P_0 与 E_0 代入上式, 得到

$$\begin{aligned} & p_0 N^{k-1} + p_1 N^{k-2} + \cdots + p_{k-1} \\ \equiv & a'(e_0 N^{k-1} + e_1 N^{k-2} + \cdots + e_{k-1}) (\text{mod } N^k), \end{aligned}$$

于是

$$p_{k-1} \equiv a' e_{k-1} (\text{mod } N),$$

这给出了确定 a' 的一条途径. 注意, 由上式所确定的 a'(即使对于模 N 只有一个) 并不是全部可能的 a' 值.

习　题　3.1

1. 使用例 3.1.1 中的符号表及仿射加密公式

$$E \equiv 4P + 3 (\text{mod } 27)$$

将明文 “I AM GOING OUT” 译成密文.

2. 使用例 3.1.1 中的符号表及仿射加密公式

$$E \equiv 5P + 7 (\mathrm{mod}\ 729),$$

假设信息单元长度为 2, 将明文 “IT IS A BOOK” 译成密文.

3. 已知信息单元长度为 2, 符号表含 29 个符号: 英文字母 a,b, $\cdots$, y, z, 空格, ？, ！以及: . 又已知密文单元中出现频率最高的依次是 M , U , 以及 I, H. 利用例 3.1.6 中的已知条件, 求出密文 “DXM SCE DC CUVGX” 的含义.

4. 利用上题的加密方法, 将明文 “HELP ME” 译成密文.

3.2 矩 阵 加 密

在 3.1 节中, 当使用含有 N 个不同符号的符号表时, 将长度为 k 的信息单元的集合与整数集合 $\{0, 1, \cdots, N^k - 1\}$ 建立了一一对应关系. 在本节中研究矩阵加密方法.

在本节中, 主要研究 $k = 2$ 的情形. 对于每个符号 (如 a,b, x, y, $\cdots$), 在用它表示符号本身的同时, 也表示它所对应的数字.

设 $m \times n$ 矩阵 $\boldsymbol{A} = (a_{ij})_{i,j} (1 \leqslant i \leqslant m, 1 \leqslant j \leqslant n)$ 的元素 a_{ij} 都是整数, 则称 $\boldsymbol{A}$ 是整数矩阵, 或简称为矩阵. $m \times 1$ 矩阵 $(a_1 \cdots a_m)^{\mathrm{T}}$ 也称为 m 维整数向量, 或简称为 m 维向量.

定义 3.2.1 设 $N > 1$ 是正整数, $\boldsymbol{A} = (a_{ij})_{i,j}$ 与 $\boldsymbol{B} = (b_{ij})_{i,j}$ 都是 $m \times n$ 整数矩阵, 若

$$a_{ij} \equiv b_{ij} (\mathrm{mod}\ N), \quad 1 \leqslant i \leqslant m, 1 \leqslant j \leqslant n, \tag{3.2.1}$$

则称矩阵 $\boldsymbol{A}$ 与 $\boldsymbol{B}$ 对模 N 同余, 记为 $\boldsymbol{A} \equiv \boldsymbol{B} (\mathrm{mod}\ N)$.

在定义 3.2.1 的基础上, 与同余整数类似地, 可以推导出同余矩阵的性质, 例如:

(i) 若 $\boldsymbol{A} \equiv \boldsymbol{B}, \boldsymbol{B} \equiv \boldsymbol{C} (\mathrm{mod}\ N)$, 则 $\boldsymbol{A} \equiv \boldsymbol{C} (\mathrm{mod}\ N)$;

(ii) 若 $\boldsymbol{A} \equiv \boldsymbol{B}, \boldsymbol{C} \equiv \boldsymbol{D} (\mathrm{mod}\ N)$, 则 $\boldsymbol{A} + \boldsymbol{C} \equiv \boldsymbol{B} + \boldsymbol{D} (\mathrm{mod}\ N)$;

(iii) 若 $a \in \mathbf{Z}, \boldsymbol{A} \equiv \boldsymbol{B} (\mathrm{mod}\ N)$, 则 $a\boldsymbol{A} \equiv a\boldsymbol{B} (\mathrm{mod}\ N)$;

(iv) 若 $\boldsymbol{A}$ 和 $\boldsymbol{B}$ 是 $m \times n$ 整数矩阵, $\boldsymbol{C}$ 和 $\boldsymbol{D}$ 分别是 $n \times p$ 和 $p \times m$ 整数矩阵, 并且 $\boldsymbol{A} \equiv \boldsymbol{B} (\mathrm{mod}\ N)$, 则 $\boldsymbol{AC} \equiv \boldsymbol{BC}, \boldsymbol{DA} \equiv \boldsymbol{DB} (\mathrm{mod}\ N)$.

利用定义 3.2.1 可以将所有整数矩阵对模 N 分类, 每一类中的矩阵对于模 N 是互相同余的. 称这些矩阵类为模 N 的同余矩阵类, 并且把属于同一类的矩阵看成是相同的.

以下, 用 $M_n(\mathbf{Z}/N\mathbf{Z})$ 表示所有的模 N 的同余 n 阶整数矩阵类的集合, 用 $(\mathbf{Z}/N\mathbf{Z})^k$ 表示所有的模 N 的同余 k 维整数向量类的集合.

定义 3.2.2 设 $\boldsymbol{A},\boldsymbol{B}\in M_2(\mathbf{Z}/N\mathbf{Z})$, 若

$$\boldsymbol{AB}\equiv\boldsymbol{BA}\equiv\begin{pmatrix}1&0\\0&1\end{pmatrix}(\bmod N),$$

则称 $\boldsymbol{B}$ 是 $\boldsymbol{A}$ 对于模 N 的逆矩阵, 记为 $\boldsymbol{A}^{-1}(\bmod N)$, 在不致引起误会的情形, 也记作 $\boldsymbol{B}\equiv\boldsymbol{A}^{-1}$ 或 $\boldsymbol{B}=\boldsymbol{A}^{-1}$.

定理 3.2.1 设 $\boldsymbol{A}=\begin{pmatrix}a&b\\c&d\end{pmatrix}\in M_2(\mathbf{Z}/N\mathbf{Z}), D=ad-bc$, 则下面的四个结论等价:

(i) $(D,N)=1$;

(ii) $\boldsymbol{A}$ 在 $M_2(\mathbf{Z}/N\mathbf{Z})$ 中有对于模 N 的逆矩阵;

(iii) 由

$$\begin{pmatrix}x'\\y'\end{pmatrix}\equiv\boldsymbol{A}\begin{pmatrix}x\\y\end{pmatrix}=\begin{pmatrix}ax+by\\cx+dy\end{pmatrix}(\bmod N)$$

所确定的 $(\mathbf{Z}/N\mathbf{Z})^2$ 到自身的映射是一一对应的;

(iv) 若 $\begin{pmatrix}x\\y\end{pmatrix}\not\equiv\begin{pmatrix}0\\0\end{pmatrix}(\bmod N)$, 则

$$\boldsymbol{A}\begin{pmatrix}x\\y\end{pmatrix}\not\equiv\begin{pmatrix}0\\0\end{pmatrix}(\bmod N).$$

证明 (i)⇒(ii) 因为 $(D,N)=1$, 所以存在 D^{-1}, 使得 $DD^{-1}\equiv 1(\bmod N)$, 记

$$\boldsymbol{A}^{-1}=\begin{pmatrix}D^{-1}d&-D^{-1}b\\-D^{-1}c&D^{-1}a\end{pmatrix},$$

则

$$\begin{aligned}\boldsymbol{AA}^{-1}&=\begin{pmatrix}a&b\\c&d\end{pmatrix}\begin{pmatrix}D^{-1}d&-D^{-1}b\\-D^{-1}c&D^{-1}a\end{pmatrix}=\begin{pmatrix}D^{-1}D&0\\0&D^{-1}D\end{pmatrix}\\&\equiv\begin{pmatrix}1&0\\0&1\end{pmatrix}(\bmod N).\end{aligned}$$

同理可证 $\boldsymbol{A}^{-1}\boldsymbol{A}=\begin{pmatrix}1&0\\0&1\end{pmatrix}(\bmod N)$, 即 $\boldsymbol{A}^{-1}$ 是 $\boldsymbol{A}$ 对模 N 的逆矩阵.

(ii)⇒(iii) 若 $\boldsymbol{A}^{-1}(\bmod N)$ 存在, 则由

$$\begin{pmatrix} x' \\ y' \end{pmatrix} \equiv \boldsymbol{A}\begin{pmatrix} x \\ y \end{pmatrix} (\bmod N)$$

得到 $\begin{pmatrix} x' \\ y' \end{pmatrix}$ 的唯一原象

$$\begin{pmatrix} x \\ y \end{pmatrix} \equiv \boldsymbol{A}^{-1}\begin{pmatrix} x' \\ y' \end{pmatrix} (\bmod N).$$

(iii)⇒(iv)若 $\begin{pmatrix} x \\ y \end{pmatrix} \not\equiv \begin{pmatrix} 0 \\ 0 \end{pmatrix} (\bmod N)$, 则必是 $\boldsymbol{A}^{-1}\begin{pmatrix} x \\ y \end{pmatrix} \not\equiv \begin{pmatrix} 0 \\ 0 \end{pmatrix} (\bmod N)$, 否则, 由于 $\boldsymbol{A}\begin{pmatrix} 0 \\ 0 \end{pmatrix} \equiv \begin{pmatrix} 0 \\ 0 \end{pmatrix} (\bmod N)$, 可得到 $\begin{pmatrix} 0 \\ 0 \end{pmatrix}$ 的两个原象, 这与 (iii) 矛盾.

(iv)⇒(i) 若 $(D, N) = \delta > 1$, 令 $N = \delta N_1$, 则有三种可能情形:

Ⅰ. a, b, c, d 都被 δ 整除, 此时取 $\begin{pmatrix} x \\ y \end{pmatrix} = \begin{pmatrix} N_1 \\ N_1 \end{pmatrix}$, 得到

$$\boldsymbol{A}\begin{pmatrix} N_1 \\ N_1 \end{pmatrix} \equiv \begin{pmatrix} 0 \\ 0 \end{pmatrix} (\bmod N),$$

但 $\begin{pmatrix} N_1 \\ N_1 \end{pmatrix} \not\equiv \begin{pmatrix} 0 \\ 0 \end{pmatrix} (\bmod N)$, 这与 (iii) 矛盾;

Ⅱ. a 与 b 中有一个不被 δ 整除, 此时, 取 $\begin{pmatrix} x \\ y \end{pmatrix} = \begin{pmatrix} -bN_1 \\ aN_1 \end{pmatrix} \equiv \begin{pmatrix} 0 \\ 0 \end{pmatrix} (\bmod N)$, 得到

$$\begin{aligned} \boldsymbol{A}\begin{pmatrix} x \\ y \end{pmatrix} &\equiv \begin{pmatrix} a & b \\ c & d \end{pmatrix}\begin{pmatrix} -bN_1 \\ aN_1 \end{pmatrix} = \begin{pmatrix} -abN_1 + abN_1 \\ -bcN_1 + adN_1 \end{pmatrix} = \begin{pmatrix} 0 \\ DN_1 \end{pmatrix} \\ &\equiv \begin{pmatrix} 0 \\ 0 \end{pmatrix} (\bmod N), \end{aligned}$$

这与结论 (iii) 矛盾;

Ⅲ. c 与 d 中有一个不被 δ 整除, 可类似于情形Ⅱ进行证明. □

定义 3.2.3 设

$$\boldsymbol{A} = \begin{pmatrix} a & b \\ c & d \end{pmatrix} \in M_2(\mathbf{Z}/N\mathbf{Z}), \quad D = ad - bc, \quad (D, N) = 1.$$

对于含两个符号 $p_1, p_2(0 \leqslant p_1, p_2 < N$, 即它们取自含 N 个不同符号的符号表) 的信息单元 $\boldsymbol{P}$, 使它与二维向量 $\begin{pmatrix} p_1 \\ p_2 \end{pmatrix}$ 对应, 记 $\boldsymbol{P} = \begin{pmatrix} p_1 \\ p_2 \end{pmatrix}$, 并且用

$$\boldsymbol{E} \equiv \boldsymbol{AP} (\bmod N), \tag{3.2.2}$$

即

$$\boldsymbol{E} = \begin{pmatrix} e_1 \\ e_2 \end{pmatrix} \equiv \begin{pmatrix} a & b \\ c & d \end{pmatrix} \begin{pmatrix} p_1 \\ p_2 \end{pmatrix} (\bmod N), \quad 0 \leqslant e_1, e_2 < N$$

作为明文单元 $\boldsymbol{P}$ 所对应的密文单元. 这样的加密方法, 称为线性矩阵加密方法, 矩阵 $\boldsymbol{A}$ 称为加密矩阵 (加密钥).

由定理 3.2.1, 若已知密文单元 $\boldsymbol{E} = \begin{pmatrix} e_1 \\ e_2 \end{pmatrix}$, 则可用

$$\boldsymbol{P} = \begin{pmatrix} p_1 \\ p_2 \end{pmatrix} \equiv \boldsymbol{A}^{-1} \boldsymbol{E} (\bmod N), \quad 0 \leqslant p_1, p_2 < N \tag{3.2.3}$$

求出明文单元 $\boldsymbol{P}$. 称 $\boldsymbol{A}^{-1}$ 为解密矩阵 (解密钥).

例 3.2.1　已知明文单元含两个符号, 取自含 26 个英文字母 a, b,$\cdots$, y, z 的符号表, 这些符号分别与 $0, 1, \cdots, 24, 25$ 对应. 已知使用线性矩阵加密方法对 "GO-AWAY" 加密, 加密矩阵为 $\begin{pmatrix} 2 & 3 \\ 7 & 8 \end{pmatrix}$, 试求出密文.

解　GOAWAY 所对应的数串是6　14　0　22　0　24, 将它们分成三个单元, 即 $\begin{pmatrix} 6 \\ 14 \end{pmatrix}$, $\begin{pmatrix} 0 \\ 22 \end{pmatrix}$ 与 $\begin{pmatrix} 0 \\ 24 \end{pmatrix}$. 由 (3.2.2) 式计算与 $\begin{pmatrix} 6 \\ 14 \end{pmatrix}$ 对应的密文:

$$\begin{pmatrix} 6 \\ 14 \end{pmatrix} \to \begin{pmatrix} 2 & 3 \\ 7 & 8 \end{pmatrix} \begin{pmatrix} 6 \\ 14 \end{pmatrix} \equiv \begin{pmatrix} 2 \\ 24 \end{pmatrix} (\bmod 26),$$

即 GO→ CY. 同样地得到 AW→ OU, AY→UK. 因此, 所求的密文是 CYOUUK.

例 3.2.2　使用例 3.2.1 的加密系统及同一个符号表, 求出与密文 CHIQEFKM 对应的明文.

解　$\boldsymbol{A} = \begin{pmatrix} 2 & 3 \\ 7 & 8 \end{pmatrix}, D = 2 \cdot 8 - 3 \cdot 7 = -5, D^{-1} \equiv 5 (\bmod 26)$. 因此, 由定理 3.2.1,

$$\boldsymbol{A}^{-1} \equiv \begin{pmatrix} 5 \cdot 8 & -5 \cdot 3 \\ -5 \cdot 7 & 5 \cdot 2 \end{pmatrix} \equiv \begin{pmatrix} 14 & 11 \\ 17 & 10 \end{pmatrix} (\bmod 26).$$

CHIQEFKM 对应的数串是 2 7 8 16 4 5 10 12, 因此, 利用 (3.2.3) 式, 得到明文所对应的数串

$$\begin{pmatrix} p_1 & p_3 & p_5 & p_7 \\ p_2 & p_4 & p_6 & p_8 \end{pmatrix} \equiv \boldsymbol{A}^{-1} \begin{pmatrix} 2 & 8 & 4 & 10 \\ 7 & 16 & 5 & 12 \end{pmatrix}$$

$$\equiv \begin{pmatrix} 14 & 11 \\ 17 & 10 \end{pmatrix} \begin{pmatrix} 2 & 8 & 4 & 10 \\ 7 & 16 & 5 & 12 \end{pmatrix} \equiv \begin{pmatrix} 1 & 2 & 7 & 12 \\ 0 & 10 & 14 & 4 \end{pmatrix} \pmod{26},$$

因此, 所求的明文是 BACKHOME.

例 3.2.3 设明文信息单元含两个符号, 这些符号可能是 a, b,$\cdots$, y, z, 空格, ?, !, 并且它们分别与数 $0, 1, \cdots, 24, 25, 26, 27, 28$ 对应. 已经知道密文 GFPYJPLADPLW, 并且知道最后五个字符是发送者的签名 MARLA, 求这段密文的含义.

解 已经知道了五对对应的符号, 就可以得到密文与明文的几种对应关系. 例如,

$$\text{DPLW} \to \text{ARLA},$$

$$\text{APLW} \to \text{MRLA},$$

等等.

假定采用对应关系 DPLW→ARLA 来破译密文, 则

$$\text{DPLW} \to \begin{pmatrix} 3 & 11 \\ 15 & 22 \end{pmatrix} \to \text{ARLA} \to \begin{pmatrix} 0 & 11 \\ 17 & 0 \end{pmatrix},$$

因此, 若解密矩阵为 $\boldsymbol{A}^{-1}$, 则

$$\begin{pmatrix} 0 & 11 \\ 17 & 0 \end{pmatrix} \equiv \boldsymbol{A}^{-1} \begin{pmatrix} 3 & 11 \\ 15 & 22 \end{pmatrix} \pmod{29},$$

因此,

$$\boldsymbol{A}^{-1} \equiv \begin{pmatrix} 0 & 11 \\ 17 & 0 \end{pmatrix} \begin{pmatrix} 3 & 11 \\ 15 & 22 \end{pmatrix}^{-1} \pmod{29}.$$

记 $D = 3 \cdot 22 - 11 \cdot 15 \equiv 17 \pmod{29}$, 则由 $(D, 29) = 1, D^{-1} \equiv 12 \pmod{29}$ 及定理 3.2.1 得到

$$\begin{pmatrix} 3 & 11 \\ 15 & 22 \end{pmatrix}^{-1} \equiv \begin{pmatrix} 12 \cdot 22 & -12 \cdot 11 \\ -12 \cdot 15 & 12 \cdot 3 \end{pmatrix} \equiv \begin{pmatrix} 3 & 13 \\ 23 & 7 \end{pmatrix} \pmod{29},$$

于是

$$A^{-1}\equiv\begin{pmatrix}0&11\\17&0\end{pmatrix}\begin{pmatrix}3&13\\23&7\end{pmatrix}\equiv\begin{pmatrix}21&19\\22&18\end{pmatrix}\pmod{29}.$$

利用 (3.2.3) 式求出明文

$$\begin{aligned}&\begin{pmatrix}p_1&p_3&p_5&p_7&p_9&p_{11}\\p_2&p_4&p_6&p_8&p_{10}&p_{12}\end{pmatrix}\\\equiv&\begin{pmatrix}21&19\\22&18\end{pmatrix}\begin{pmatrix}6&15&9&11&3&11\\5&24&15&0&15&22\end{pmatrix}\\\equiv&\begin{pmatrix}18&17&10&28&0&11\\19&8&4&10&7&0\end{pmatrix}\pmod{29},\end{aligned}$$

即明文为 STRIKE ! MARLA.

一般地, 如果存在几种可能的明文与密文的对应关系, 就必须对每一种可能, 使用上例中的方法, 求出解密矩阵, 然后决定出正确的解密钥. 在上例中, 当然可以先采用其他对应关系来求解密矩阵. 但是, 容易判断, 由它们推导出的解密矩阵, 不能用以得到有意义的明文, 从而知道这样的解密矩阵是不正确的.

例 3.2.4 已知信息单元含两个符号, 它们是 26 个英文字母 a,$\cdots$, z 分别与 0, $\cdots$, 25 对应. 已知密文 WKNCCHSSJH 的前四个字对应的明文是 GIVE, 并且知道是使用线性矩阵加密方法, 试译出明文.

解 已知

$$\text{WKNC}\to\begin{pmatrix}22&13\\10&2\end{pmatrix}\to\begin{pmatrix}6&21\\8&4\end{pmatrix}\to\text{GIVE},$$

设解密矩阵为 A^{-1}, 则

$$\begin{pmatrix}6&21\\8&4\end{pmatrix}\equiv A^{-1}\begin{pmatrix}22&13\\10&2\end{pmatrix}\pmod{26}.\qquad(3.2.4)$$

令 $C=\begin{pmatrix}22&13\\10&2\end{pmatrix}$, 则它的行列式 $D=22\cdot2-13\cdot10=-96$. 由于 $(-96,26)=2$, 所以 C 在 $M_2(\mathbf{Z}/26\mathbf{Z})$ 中没有逆矩阵, 因此, 不能用例 3.2.3 中的方法求出 $A^{-1}\pmod{26}$. 因此, 我们将先求出 $A^{-1}\pmod{13}$, 然后确定 $A^{-1}\pmod{26}$.

由 (3.2.4) 式,

$$\begin{pmatrix}6&8\\8&4\end{pmatrix}\equiv A_0^{-1}\begin{pmatrix}9&0\\10&2\end{pmatrix}\pmod{13},$$

其中 $A_0^{-1} \equiv A^{-1} (\bmod 13)$. 上式右端的矩阵的行列式是 $2\cdot 9 - 10\cdot 0 = 18, (18,13) = 1$, 所以矩阵 $\begin{pmatrix} 9 & 0 \\ 10 & 2 \end{pmatrix}$ 对模 13 的逆矩阵存在, 即

$$\begin{pmatrix} 9 & 0 \\ 10 & 2 \end{pmatrix}^{-1} \equiv \begin{pmatrix} 8\cdot 2 & -8\cdot 0 \\ -8\cdot 10 & 8\cdot 9 \end{pmatrix} \equiv \begin{pmatrix} 3 & 0 \\ 11 & 7 \end{pmatrix} (\bmod 13),$$

于是

$$A_0^{-1} \equiv \begin{pmatrix} 6 & 8 \\ 8 & 4 \end{pmatrix} \begin{pmatrix} 3 & 0 \\ 11 & 7 \end{pmatrix} \equiv \begin{pmatrix} 2 & 4 \\ 3 & 2 \end{pmatrix} (\bmod 13). \tag{3.2.5}$$

设 $A^{-1} = \begin{pmatrix} a & b \\ c & d \end{pmatrix} (\bmod 26)$, 显然有 $A^{-1} \equiv A_0^{-1} (\bmod 13)$, 因此,

$$A^{-1} \equiv A_0^{-1} + 13A_1 (\bmod 26),$$

其中 A_1 是以 0 或 1 为元素的矩阵. 因此, $13A_1$ 共有 16 种可能的取值, 即是

$$A_1 = \begin{pmatrix} \alpha & \beta \\ \gamma & \mu \end{pmatrix}, \quad \alpha, \beta, \gamma, \mu \in \{0, 1\}.$$

由于 A^{-1} 对于模 26 的矩阵 A 是存在的, 所以, 由定理 3.2.1, A^{-1} 的行列式与 26 互素; 此外 A 又应该满足 (3.2.4) 式. 用这两个条件去考察所有可能的 A_1, 就可以删去 14 种可能性, 只余下两种可能, 即

$$\begin{pmatrix} 1 & 1 \\ 1 & 1 \end{pmatrix} \quad 与 \quad \begin{pmatrix} 1 & 0 \\ 1 & 1 \end{pmatrix},$$

相应的 A^{-1} 是

$$A_1 = \begin{pmatrix} 15 & 17 \\ 16 & 15 \end{pmatrix} \quad 与 \quad A_2 = \begin{pmatrix} 15 & 4 \\ 16 & 15 \end{pmatrix}.$$

用这两个 A^{-1} 分别试译明文. 用 A_1 时, 得到明文 GIVETHEMUP; 用 A_2 时, 得到明文 GIVEHEMHP. 于是可以断定, 应该取 A_1 为 A^{-1}, 第一个明文是正确的.

定义 3.2.4 设 $A = (a_{ij})_{i,j} \in M_k(\mathbf{Z}/N\mathbf{Z})$, $A^{-1} (\bmod N)$ 存在, $B = \begin{pmatrix} b_1 \\ \vdots \\ b_k \end{pmatrix}$

是 k 维整数向量. 对于明文单元 $\boldsymbol{P}=\begin{pmatrix}p_1\\ \vdots\\ p_k\end{pmatrix}$, 用公式

$$\boldsymbol{E}=\begin{pmatrix}e_1\\ \vdots\\ e_k\end{pmatrix}\equiv \boldsymbol{AP}+\boldsymbol{B}(\text{mod } N),\quad 0\leqslant e_1,\cdots,e_k<N$$

确定与 $\boldsymbol{P}$ 对应的密文. 称这样的加密方法为仿射矩阵加密方法.

特别地, 若

$$\boldsymbol{A}=(a_{ij})_{i,j},\quad a_{ij}=0(i\neq j), a_{ij}=1, 1\leqslant i\leqslant k,$$

则称这样的加密方法为 Vigenère 加密方法, 即若明文为 $p_1\cdots p_n$, 则对应的密文是 $e_1\cdots e_n$.

$$e_i\equiv p_i+b_{i(\text{mod } k)}(\text{mod } N),\quad 1\leqslant i\leqslant n, \tag{3.2.6}$$

其中 $i(\text{mod } k)$ 表示 i 对模 k 的最小非负剩余.

显然, 如果 $b_1,\cdots,b_k$ 对模 N 是互不同余的, 则密文 $e_1\cdots e_n$ 就是由 k 组互不相交的明文经过使用不同加密钥的恺撒加密方法得到的. 因此, 若 N 与 k 已知, 则可用 3.2.1 节的方法破译 Vigenère 方法加密后的密文. 下面, 叙述一个求 k 的期望值的方法.

为了简化讨论, 设符号表含有 N 个互不相同的符号: $1,2,\cdots,N$, 它们被随机选取构成符号串的概率都是 $\frac{1}{N}$. 又设符号 i 在正常的信息 (如正常语言叙述) 中出现的概率为 $p(i), i=1,2,\cdots,N$.

假设整个密文含有 n 个符号, 即在 n 个位置上各标着某个符号 $i(1\leqslant i\leqslant N)$, 我们来考察, 任意两个位置上有相同符号的可能性. 假设密文由 (3.2.6) 式确定, 其中 $b_1,\cdots b_k$ 是互不相同的.

在 n 个位置中任取两个位置的方法有 $\mathrm{C}_n^2=\frac{1}{2}n(n-1)$ 种.

根据 (3.2.6) 式, 可以将 n 个位置分成 k 组, 每一组由 $\frac{n}{k}$ 个符号组成, 它们对应着相同的 b_i.

如果两个位置属于同一组, 由于是使用同一个加密变换 (有相同的加密钥 b_i), 所以, 在这两个位置上有相同符号的概率是 $\sum\limits_{i=1}^{N}p^2(i)$. 对于每个选定的位置, 它所在的那一组里尚有 $\frac{n}{k}-1$ 个位置, 因此, 在任意两个不同位置 (但属于同一组) 上有相同符号的频率是

$$A_1 = \left(\frac{1}{2}n(n-1)\right)^{-1} \cdot \frac{1}{2}n\left(\frac{n}{k}-1\right)\sum_{i=1}^{N} p^2(i). \tag{3.2.7}$$

如果这两个位置不属于同一组, 由于密文中各符号的出现是等概率的, 所以, 在指定的两个位置上有相同符号的概率是 $\sum_{i=1}^{N}\frac{1}{N}\cdot\frac{1}{N}=\frac{1}{N}$. 在选定一个位置后, 在另外的组里选一个位置的方法是 $n-\frac{n}{k}$ 个, 因此, 不属于同一组的两个位置上有相同符号的频率是

$$A_2 = \left(\frac{1}{2}n(n-1)\right)^{-1} \cdot \frac{1}{2}n\left(n-\frac{n}{k}\right)\frac{1}{N}.$$

由上式及 (3.2.7) 式得到, 任意两个位置上有相同符号的频率

$$A = A_1 + A_2 = \frac{1}{n-1}\left(\frac{n}{k}-1\right)\sum_{i=1}^{N} p^2(i) + \frac{1}{n-1}\left(n-\frac{n}{k}\right)\cdot\frac{1}{N}. \tag{3.2.8}$$

另一方面, 假设在整个密文中符号 $i(1\leqslant i\leqslant N)$ 的个数是 n_i, 那么, 在任意两个位置上同时有符号 i 的频率是

$$\left(\frac{1}{2}n(n-1)\right)^{-1} \cdot \frac{1}{2}n_i(n_i-1).$$

因此, 在任意两个位置上有相同符号的频率是

$$A = (n(n-1))^{-1}\sum_{i=1}^{N} n_i(n_i-1).$$

比较上式与 (3.2.8) 式, 就可以得出数 k 的期望值.

还有另外的估计 k 值的方法. 例如, 在密文中若有高频率重复出现的符号 (或符号串), 则它们之间的距离就可能是 k 的倍数. 因此, 通过寻求这个距离的数值, 进行因数分解和试译, 就可以得到 k 值.

习 题 3.2

1. 已知明文单元含两个符号, 它们取自 a, b,$\cdots$, y, z 构成的符号表. 使用线性矩阵加密方法, 将 TAKEITBACK 加密, 设加密矩阵是

$$\begin{pmatrix} 7 & 9 \\ 8 & 3 \end{pmatrix}.$$

2. 使用例 3.2.3 中的符号表. 已知信息单元含两个符号, 在密文 "! IWGVIEX ! ZRADRYD" 中, 已知最后五个字符对应的明文是发送者的签名 MARIA, 求明文.

3. 计算下列矩阵的逆矩阵：

(1) $\begin{pmatrix} 1 & 7 \\ 6 & 5 \end{pmatrix} \pmod{11}$;

(2) $\begin{pmatrix} 2 & 3 \\ 7 & 4 \end{pmatrix} \pmod{17}$.

4. 求解同余方程组：

$$\begin{cases} 17x + 11y \equiv 7 \pmod{29}, \\ 13x + 10y \equiv 1 \pmod{29}. \end{cases}$$

第4章　剩　余　系

4.1　完全剩余系

由带余数除法我们知道, 对于给定的正整数 m, 按照被 m 除的余数, 可以将所有的整数分成 m 个集合, 使得同一集合中的数, 也只有同一集合中的数, 被 m 除的余数是相同的, 即对模 m 是同余的. 例如, 对于 m=4, 可以将所有的整数分成以下 4 个集合:

$$R_0(4) = \{\cdots, -4, 0, 4, 8, 12, \cdots\},$$

$$R_1(4) = \{\cdots, -3, 1, 5, 9, 13, \cdots\},$$

$$R_2(4) = \{\cdots, -2, 2, 6, 10, 14, \cdots\},$$

与

$$R_3(4) = \{\cdots, -1, 3, 7, 11, 15, \cdots\}.$$

定义 4.1.1　给定正整数 m, 对于每个整数 i, $0\leqslant i \leqslant m-1$, 称集合

$$R_i(m) = \{n; n \equiv i (\mathrm{mod}\ m), n \in \mathbf{Z}\}$$

是模 m 的一个剩余类.

定义 4.1.2　设 m 是正整数, 从模 m 的每一个剩余类 $R_i(m)$ 中任取一个数 $x_i(0\leqslant i \leqslant m-1)$, 称集合$\{x_0, x_1, \cdots, x_{m-1}\}$是模 m 的一个完全剩余系 (或简称为完全系).

显然, 模 m 的完全剩余系有无穷多个. 通常称

$$\{0, 1, 2, \cdots, m-1\}$$

与

$$\left\{-\frac{m}{2}+1, \cdots, -1, 0, 1, \cdots, \frac{m}{2}\right\}\ (当 2|m)\ 或$$
$$\left\{-\frac{m-1}{2}, \cdots, -1, 0, 1, \cdots, \frac{m-1}{2}\right\}\ (当 2 \nmid m)$$

分别是模 m 的最小非负完全剩余系与绝对最小完全剩余系.

例如, 集合$\{0, 6, 7, 13, 24\}$是模 5 的一个完全剩余系, 集合$\{0, 1, 2, 3, 4\}$是模 5 的最小非负完全剩余系, 集合 $\{-1, -2, 0, 1, 2\}$ 是模 5 的绝对最小剩余系.

由完全剩余系的定义, 容易得到下面的定理.

定理 4.1.1　整数集合 A 是模 m 的完全剩余系的充要条件是

(i) A 中含有 m 个整数;

(ii) A 中任何两个整数对模 m 不同余. □

设 a, b 是整数, $(a, m)=1$, $A=\{x_1, x_2, \cdots, x_m\}$是模 m 的一个完全剩余系并且 $x_i \neq x_j(i \neq j)$.

如果

$$ax_i + b \equiv ax_j + b(\text{mod } m),$$

则

$$ax_i \equiv ax_j(\text{mod } m),$$

由此及定理 2.1.5 得到

$$x_i \equiv x_j(\text{mod } m),$$

因此 $x_i = x_j$. 这与关于 x_i, x_j 的假设矛盾. 于是, 必有

$$ax_i + b \not\equiv ax_j + b(\text{mod } m). \tag{4.1.1}$$

这就证明了下面的定理.

定理 4.1.2　设 $m \geqslant 1$, a, b 是整数, $(a,m)=1$, 如果$\{x_1, x_2, \cdots, x_m\}$是模 m 的一个完全剩余系, 那么$\{ax_1+b, ax_2+b, \cdots, ax_m+b\}$也是模 m 的一个完全剩余系.□

假设 $X=\{x_1, x_2, \cdots, x_{m_1}\}, Y=\{y_1, y_2, \cdots, y_{m_2}\}$ 分别是模 m_1 与模 m_2 的完全剩余系, $(A, m_1)=1$, 对于 x', $x'' \in X$, y', $y'' \in Y$, 如果

$$Ax' + m_1y' \equiv Ax'' + m_1y''(\text{mod } m_1m_2), \tag{4.1.2}$$

则由定理 2.1.5 得到

$$Ax' \equiv Ax''(\text{mod } m_1) \Rightarrow x' \equiv x''(\text{mod } m_1) \Rightarrow x' = x'',$$

再由式 (4.1.2), 又推出

$$m_1y' \equiv m_1y''(\text{mod } m_1m_2) \Rightarrow y' \equiv y''(\text{mod } m_2) \Rightarrow y' = y''.$$

这样, 我们得到如下结论.

定理 4.1.3　设 m_1, $m_2 \in \mathbf{N}$, $A \in \mathbf{Z}$, $(A, m_1)=1$, 又设

$$X=\{x_1, x_2, \cdots, x_{m_1}\}, \quad Y=\{y_1, y_2, \cdots, y_{m_2}\},$$

分别是模 m_1 与模 m_2 的完全剩余系, 则

$$R=\{Ax+m_1y; x\in X, y\in Y\}$$

是模 m_1m_2 的一个完全剩余系. □

推论 4.1.1 若 $m_1,m_2\in\mathbf{N}$, $(m_1,m_2)=1$, 则当 x_1 与 x_2 分别通过模 m_1 与模 m_2 的完全剩余系时, $m_2x_1+m_1x_2$ 通过模 m_1m_2 的完全剩余系. □

定理 4.1.4 设 $m_i\in\mathbf{N}$, $A_i\in\mathbf{Z}(1\leqslant i\leqslant n)$, 并且满足下面的条件:

(i) $(m_i,m_j)=1$, $1\leqslant i,j\leqslant n$, $i\neq j$;

(ii) $(A_i,m_i)=1$, $1\leqslant i\leqslant n$;

(iii) $m_i|A_j$, $1\leqslant i,j\leqslant n$, $i\neq j$,

则当 $x_i(1\leqslant i\leqslant n)$ 通过模 m_i 的完全剩余系 X_i 时,

$$y=A_1x_1+A_2x_2+\cdots+A_nx_n$$

通过模 $m_1m_2\cdots m_n$ 的完全剩余系.

证明 由定理 4.1.1 只需证明: 若 $x_i', x_i''\in X_i$, $1\leqslant i\leqslant n$, 则由

$$A_1x_1'+A_2x_2'+\cdots+A_nx_n'\equiv A_1x_1''+A_2x_2''+\cdots+A_nx_n''(\bmod m_1\cdots m_n) \quad (4.1.3)$$

可以得到 $x_i'=x_i''$, $1\leqslant i\leqslant n$.

事实上, 由条件 (iii) 及式 (4.1.3) 易得, 对于任意的 i, $1\leqslant i\leqslant n$, 有

$$A_ix_i'\equiv A_ix_i''(\bmod m_i).$$

由此并利用条件 (ii) 和定理 2.1.5 推得

$$x_i'\equiv x_i''(\bmod m_i),$$

因此 $x_i'=x_i''$. □

例 4.1.1 设 $A=\{x_1, x_2, \cdots, x_m\}$是模 m 的一个完全剩余系, 用$\{x\}$表示 x 的小数部分, 即 $\{x\}=x-[x]$, $[x]$ 表示不超过 x 的最大整数. 若 $(a, m)=1$, 则

$$\sum_{i=1}^{m}\left\{\frac{ax_i+b}{m}\right\}=\frac{1}{2}(m-1).$$

解 当 x 通过模 m 的完全剩余系时, $ax+b$ 也通过模 m 的完全剩余系, 因此对于任意的 $i(1\leqslant i\leqslant m)$, ax_i+b 一定与且只与某个整数 $j(1\leqslant j\leqslant m)$ 同余, 即存在整数 k, 使得

$$ax_i+b=km+j \quad (1\leqslant j\leqslant m),$$

于是

$$\sum_{i=1}^{m}\left\{\frac{ax_i+b}{m}\right\}=\sum_{j=1}^{m}\left\{k+\frac{j}{m}\right\}=\sum_{j=1}^{m}\left\{\frac{j}{m}\right\}=\sum_{j=1}^{m-1}\left\{\frac{j}{m}\right\}$$
$$=\sum_{j=1}^{m-1}\frac{j}{m}=\frac{1}{m}\cdot\frac{m(m-1)}{2}=\frac{m-1}{2}.$$

例 4.1.2　设 $p\geqslant 5$ 是素数, $a\in\{2, 3, \cdots, p-2\}$, 则在数列

$$a, 2a, 3a, \cdots, (p-1)a, pa \tag{4.1.4}$$

中有且仅有一个数 b 使得

$$b\equiv 1(\mathrm{mod}\ p). \tag{4.1.5}$$

此外, 若 $b=ka$, 则 $k\neq a$, $k\in\{2, 3, \cdots, p-2\}$.

解　因为 $(a, p)=1$, 所以由定理 4.1.2, 式 (4.1.4) 中的数构成模 p 的一个完全剩余系, 因此必有数 b 满足式 (4.1.5).

设 $b=ka$, 那么

(i) $k\neq a$, 否则, $b=a^2\equiv 1(\mathrm{mod}\ p)$, 即 $p|(a+1)(a-1)$, 因此 $p|a-1$ 或 $p|a+1$, 这与 $2\leqslant a\leqslant p-2$ 矛盾;

(ii) $k\neq 1$, 否则, $b=1\cdot a\equiv 1(\mathrm{mod}\ p)$, 这与 $2\leqslant a\leqslant p-2$ 矛盾;

(iii) $k\neq -1$, 否则, $b=-a\equiv 1(\mathrm{mod}\ p)$, 这与 $2\leqslant a\leqslant p-2$ 矛盾.

若又有 k', $2\leqslant k'\leqslant p-2$, 使得 $b\equiv k'a(\mathrm{mod}\ p)$, 则

$$k'a\equiv ka(\mathrm{mod}\ p).$$

因 $(a, p)=1$, 所以 $k\equiv k'(\mathrm{mod}\ p)$, 从而 $p|k-k'$, 这是不可能的. 这证明了唯一性.

在例 4.1.2 的条件下容易推出, 对于 $2, 3, \cdots, p-2$, 中的每个整数 a, 都存在唯一的整数 k, $2\leqslant k\leqslant p-2$, 使得

$$ka\equiv 1(\mathrm{mod}\ p). \tag{4.1.6}$$

因此, 整数 $2, 3, \cdots, p-2$ 可以两两配对使得式 (4.1.6) 成立. 所以

$$2\cdot 3\cdots(p-2)\equiv 1(\mathrm{mod}\ p).$$

于是

$$1\cdot 2\cdot 3\cdots(p-2)(p-1)\equiv p-1\equiv -1(\mathrm{mod}\ p).$$

这证明了下面的定理.

定理 4.1.5(Wilson 定理) 设 p 是素数, 则

$$(p-1)! \equiv -1 (\text{mod } p). \qquad \square$$

例 4.1.3 设 $m>0$ 是偶数, $\{a_1,a_2,\cdots,a_m\}$与$\{b_1,b_2,\cdots,b_m\}$都是模 m 的完全剩余系, 证明: $\{a_1+b_1,a_2+b_2,\cdots,a_m+b_m\}$不是模 m 的完全剩余系.

解 因为$\{1, 2, \cdots, m\}$与$\{a_1, a_2, \cdots, a_m\}$都是模 m 的完全剩余系, 所以

$$\sum_{i=1}^{m} a_i \equiv \sum_{i=1}^{m} i = \frac{m(m+1)}{2} \equiv \frac{m}{2} (\text{mod } m). \tag{4.1.7}$$

同理

$$\sum_{i=1}^{m} b_i \equiv \frac{m}{2} (\text{mod } m). \tag{4.1.8}$$

如果$\{a_1+b_1,a_2+b_2,\cdots,a_m+b_m\}$是模 m 的完全剩余系, 那么也有

$$\sum_{i=1}^{m} (a_i+b_i) \equiv \frac{m}{2} (\text{mod } m).$$

联合上式与式 (4.1.7) 和式 (4.1.8), 得到

$$0 \equiv \frac{m}{2} + \frac{m}{2} \equiv \frac{m}{2} (\text{mod } m),$$

这是不可能的, 所以$\{a_1+b_1,a_2+b_2,\cdots,a_m+b_m\}$不能是模 m 的完全剩余系.

习 题 4.1

1. 证明定理 4.1.1.

2. 证明: 若 $2p+1$ 是奇素数, 则

$$(p!)^2 + (-1)^p \equiv 0 (\text{mod } 2p+1).$$

3. 证明: 若 p 是奇素数, $N=1+2+\cdots+(p-1)$, 则

$$(p-1)! \equiv p-1 (\text{mod } N).$$

4. 证明 Wilson 定理的逆定理: 若 $n>1$, 并且

$$(n-1)! \equiv -1 (\text{mod } n),$$

则 n 是素数.

5. 设 m 是整数, $4|m$, $\{a_1, a_2, \cdots, a_m\}$与$\{b_1, b_2, \cdots, b_m\}$是模 m 的两个完全剩余系, 证明: $\{a_1b_1, a_2b_2, \cdots, a_mb_m\}$不是模 m 的完全剩余系.

6. 设 $m_1,m_2,\cdots,m_n$ 是两两互素的正整数, $\delta_i(1\leqslant i\leqslant n)$ 是整数, 并且

$$\delta_i\equiv 1(\text{mod } m_i),\ 1\leqslant i\leqslant n,$$

$$\delta_i\equiv 0(\text{mod } m_j),\quad i\neq j,\quad 1\leqslant i,\ j\leqslant n.$$

证明: 当 b_j 通过模 $m_i(1\leqslant i\leqslant n)$ 的完全剩余系时,

$$b_1\delta_1+b_2\delta_2+\cdots+b_n\delta_n$$

通过模 $m=m_1m_2\cdots m_n$ 的完全剩余系.

4.2 简化剩余系

在模 m 的完全剩余系中, 与 m 互素的整数有一些特殊的性质, 例如, 如果 (a,m)=1, 则存在 x, y, 使得 $ax+my$=1, 即 $ax\equiv1(\text{mod } m)$; 如果 $(a, m) > 1$, 这样的 x 却是不存在的. 本节要对与 m 互素的整数做些研究.

定义 4.2.1 设 R 是模 m 的一个剩余类, 若有 $a\in R$, 使得 (a,m)=1, 则称 R 是模 m 的一个简化剩余类.

显然, 若 R 是模的简化剩余类, 则 R 中的每个整数都与 m 互素.

例如, 模 6 的简化剩余类有两个:

$$R_1(6)=\{\cdots,-11,-5,1,7,13,\cdots\},$$

$$R_5(6)=\{\cdots,-7,-1,5,11,17,\cdots\}.$$

定义 4.2.2 对于正整数 k, 使函数 $\varphi(k)$ 的值等于模 k 的所有简化剩余类的个数; 称 $\varphi(k)$ 为 Euler-φ 函数, 或 Euler 函数.

例如, 容易验证 $\varphi(2)$=1, $\varphi(3)$=2, $\varphi(4)$=2, $\varphi(7)$=6.

显然, $\varphi(m)$ 就是在 m 的一个完全剩余系中与 m 互素的整数的个数.

定义 4.2.3 对于正整数 m, 从模 m 的每个简化剩余类中各取一个数 x_i, 构成一个集合$\{x_1,x_2,\cdots,x_{\varphi(m)}\}$, 称它为模 m 的一个简化剩余系 (或简称为简化系).

显然, 由于选取方式的任意性, 模 m 的简化剩余系有无穷多个.

例如, 集合$\{9, -5, -3,-1\}$与$\{1, 3, 5, 7\}$都是模 8 的简化剩余系.

根据简化剩余系的定义, 容易得到下面的定理.

定理 4.2.1 整数集合 A 是模 m 的简化剩余系的充要条件是

(i) A 中含有 $\varphi(m)$ 个整数;

(ii) A 中的任何两个整数对模 m 不同余;

(iii) A 中的每个整数都与 m 互素. □

设$\{x_1,x_2,\cdots,x_{\varphi(m)}\}$是模 m 的简化剩余系, $(a, m)=1$, 则对于任意的 $x_i(1\leqslant i\leqslant\varphi(m))$, 有 $(ax_i,m)=(x_i,m)=1$. 另外, 若有 $x',x''\in B$, 使得

$$ax'\equiv ax''(\text{mod } m),$$

那么, 因为 $(a,m)=1$, 所以 $x'\equiv x''(\text{mod } m)$, 于是 $x'=x''$. 根据简化剩余系的充要条件, 我们可得到如下结论.

定理 4.2.2 设 a 是整数, $(a,m)=1$, $\{x_1,x_2,\cdots,x_{\varphi(m)}\}$是模 m 的简化剩余系, 则$\{ax_1,ax_2,\cdots,ax_{\varphi(m)}\}$也是模 m 的简化剩余系. □

注 1 在定理 4.2.2 的条件下, 若 b 是整数, 集合

$$\{ax_1+b, ax_2+b,\cdots, ax_{\varphi(m)}+b\}$$

不一定是模 m 的简化剩余系. 例如, 取 $m=4$, $a=1$, $b=1$, 以及模 4 的简化剩余系 $\{1,3\}$.

设 $(m_1,m_2)=1$, $X=\{x_1,x_2,\cdots,x_{\varphi(m_1)}\}$ 与 $Y=\{y_1,y_2,\cdots,y_{\varphi(m_2)}\}$ 分别是模 m_1 与 m_2 的简化剩余系; 以 X' 与 Y' 分别表示模 m_1 与 m_2 的完全剩余系, 使得 $X\subset X'$, $Y\subset Y'$, 则由推论 4.1.1 可知,

$$A'=\{m_1y+m_2x; x\in X', y\in Y'\}$$

是模 m_1m_2 的完全剩余系. 记

$$A=\{m_1y+m_2x; x\in X, y\in Y\},$$

则 $A\subseteq A'$.

设 A' 中所有与 m_1m_2 互素的整数的集合为 R, 若 $m_1y+m_2x\in R$, 则 $(m_1y+m_2x,m_1m_2)=1$, 所以 $(m_1y+m_2x,m_1)=1$, 于是

$$(m_2x,m_1)=1,\quad (x,m_1)=1,\quad x\in X.$$

同理可得到 $y\in Y$, 因此 $m_1y+m_2x\in A$. 这说明 $R\subseteq A$.

另一方面, 若 $m_1y+m_2x\in A$, 则 $x\in X$, $y\in Y$, 即

$$(x,m_1)=1,\quad (y,m_2)=1.$$

由此及 $(m_1,m_2)=1$ 得到

$$(m_2x+m_1y,m_1)=(m_2x,m_1)=1$$

以及

$$(m_2x+m_1y,m_2)=(m_1y,m_2)=1.$$

因为 m_1 与 m_2 互素, 所以 $(m_2x+m_1y,m_1m_2)=1$, 于是 $m_2x+m_1y\in R$. 因此 $A\subseteq R$.

综合以上, 得到 $A=R$. 因此, 得到如下结论:

定理 4.2.3　设 $m_1,m_2\in\mathbf{N}$, $(m_1,m_2)=1$, 又设

$$X=\{x_1,x_2,\cdots,x_{\varphi(m_1)}\} \quad 与 \quad Y=\{y_1,y_2,\cdots,y_{\varphi(m_2)}\}$$

分别是模 m_1 与 m_2 的简化剩余系, 则

$$A=\{m_1y+m_2x;x\in X,y\in Y\}$$

是模 m_1m_2 的简化剩余系. □

由定理 4.2.3 可得到如下结论.

定理 4.2.4　设 $m,n\in\mathbf{N}$, $(m,n)=1$, 则 $\varphi(mn)=\varphi(m)\varphi(n)$. □

设正整数 n 的标准分解式是 $n=\prod\limits_{i=1}^{k}p_i^{\alpha_i}$, $p_1,p_2,\cdots,p_k$ 是素数, 则由定理 4.2.4 得到

$$\varphi(n)=\prod_{i=1}^{k}\varphi(p_i^{\alpha_i}). \tag{4.2.1}$$

对任意的素数 p, $\varphi(p^\alpha)$ 等于数列 $1,2,\cdots,p^\alpha$ 中与 p^α(也就是与 p) 互素的整数的个数, 因此

$$\varphi(p^\alpha)=p^\alpha-\left[\frac{p^\alpha}{p}\right]=p^\alpha-p^{\alpha-1}=p^\alpha\left(1-\frac{1}{p}\right),$$

由此及 (4.2.1) 式得到 $\varphi(n)$ 的计算公式, 即有下面的定理.

定理 4.2.5　设 $p_1,p_2,\cdots,p_k$ 是正整数 n 的全部素因数, 则

$$\varphi(n)=n\left(1-\frac{1}{p_1}\right)\left(1-\frac{1}{p_2}\right)\cdots\left(1-\frac{1}{p_k}\right)=n\prod_{p|n}\left(1-\frac{1}{p}\right).$$ □

由定理 4.2.5 可知, $\varphi(n)=1$ 的充要条件是 $n=1$ 或 2.

例 4.2.1　设整数 $n\geqslant 2$, 证明

$$\sum_{\substack{1\leqslant i\leqslant n\\(i,n)=1}} i=\frac{1}{2}n\varphi(n),$$

即在数列 $1,2,\cdots,n$ 中, 与 n 互素的整数之和是 $\frac{1}{2}n\varphi(n)$.

解 以

$$a_1, a_2, \cdots, a_{\varphi(n)}, \quad (a_i, n) = 1, \quad 1 \leqslant a_i \leqslant n-1, \quad 1 \leqslant i \leqslant \varphi(n)$$

表示 1,2,$\cdots$,n 中与 n 互素的 $\varphi(n)$ 个数, 则

$$(n-a_i, n) = 1, \quad 1 \leqslant n-a_i \leqslant n-1, \quad 1 \leqslant i \leqslant \varphi(n),$$

因此, 集合$\{a_1,a_2,\cdots,a_{\varphi(n)}\}$与集合$\{n-a_1,n-a_2,\cdots,n-a_{\varphi(n)}\}$是相同的, 于是

$$a_1 + a_2 + \cdots + a_{\varphi(n)} = (n-a_1) + (n-a_2) + \cdots + (n-a_{\varphi(n)}),$$

$$2(a_1 + a_2 + \cdots + a_{\varphi(n)}) = n\varphi(n),$$

即

$$a_1 + a_2 + \cdots + a_{\varphi(n)} = \frac{1}{2}n\varphi(n).$$

例 4.2.2 设 n 是正整数, 则

$$\sum_{d|n} \varphi(d) = n,$$

此处 $\sum\limits_{d|n}$ 是对 n 的所有正约数求和.

解 将正整数 1,2,$\cdots$,n 按它们与整数 n 的最大的公约数分类, 则

$$\begin{aligned} n = \sum_{i=1}^{n} 1 &= \sum_{d|n} \sum_{\substack{(i,n)=d \\ 1\leqslant i\leqslant n}} 1 \\ &= \sum_{d|n} \sum_{\left(\frac{i}{d},\frac{n}{d}\right)=1, 1\leqslant \frac{i}{d}\leqslant \frac{n}{d}} 1 = \sum_{d|n} \varphi\left(\frac{n}{d}\right) = \sum_{d|n} \varphi(d). \end{aligned}$$

例 4.2.3 设 $n \in \mathbf{N}$, 则

(i) 若 n 是奇数, 则 $\varphi(4n)=2\varphi(n)$;

(ii) $\varphi(n) = \frac{1}{2}n$ 的充要条件是 $n=2^k$, $k \in \mathbf{N}$;

(iii) $\varphi(n) = \frac{1}{3}n$ 的充要条件是 $n=2^k3^l$, $k,l \in \mathbf{N}$;

(iv) 若 $6|n$, 则 $\varphi(n) \leqslant \frac{1}{3}n$;

(v) 若 $n-1$ 与 $n+1$ 都是素数, $n > 4$, 则 $\varphi(n) \leqslant \frac{1}{3}n$.

解　(i) 我们有

$$\varphi(4n) = \varphi(2^2 n) = \varphi(2^2)\varphi(n) = 2\varphi(n).$$

(ii) 若 $n=2^k$, 则

$$\varphi(2^k) = 2^k\left(1-\frac{1}{2}\right) = 2^{k-1} = \frac{1}{2}n.$$

若 $\varphi(n) = \frac{1}{2}n$, 设 $n=2^k n_1$, $2\nmid n_1$, 则由

$$\begin{aligned}\frac{1}{2}n &= \varphi(n) = \varphi(2^k n_1) = \varphi(2^k)\varphi(n_1) = 2^{k-1}\varphi(n_1)\\ &= \frac{1}{2}2^k n_1\frac{\varphi(n_1)}{n_1} = \frac{1}{2}n\frac{\varphi(n_1)}{n_1}\end{aligned}$$

得到 $\varphi(n_1) = n_1$, 所以 $n_1=1$, 即 $n=2^k$.

(iii) 若 $n=2^k 3^l$, 则

$$\varphi(n) = \varphi(2^k)\varphi(3^l) = 2^k\left(1-\frac{1}{2}\right)3^l\left(1-\frac{1}{3}\right) = \frac{1}{3}n.$$

若 $\varphi(n) = \frac{1}{3}n$, 设 $n=2^k 3^l n_1$, $6\nmid n_1$, 则由

$$\frac{1}{3}n = \varphi(n) = \varphi(2^k 3^l n_1) = \varphi(2^k)\varphi(3^l)\varphi(n_1) = \frac{1}{3}n\frac{\varphi(n_1)}{n_1}$$

得到 $\varphi(n_1) = n_1$, 所以 $n_1=1$, 即 $n=2^k 3^l$.

(iv) 设 $n=2^k 3^l n_1$, $6\nmid n_1$, 则

$$\varphi(n) = \varphi(2^k)\varphi(3^l)\varphi(n_1) = \frac{1}{3}2^k 3^l\varphi(n_1) \leqslant \frac{1}{3}2^k 3^l n_1 = \frac{1}{3}n.$$

(v) 因为 $n > 4$, 所以 $n-1$ 与 $n+1$ 都是奇素数, 所以 n 是偶数.

因为 $n-1 > 3$, 所以 $n-1$ 与 $n+1$ 都不等于 3, 当然不被 3 整除, 所以 $3|n$, 因此 $6|n$. 再由上面已经证明的结论 (iv), 即可得到结论 (v).

例 4.2.4　证明: 若 $m,n \in \mathbf{N}$, 则 $\varphi(mn)=(m,n)\varphi([m,n])$.

解　设 $p_i(1\leqslant i \leqslant k)$ 是 mn 与 $[m,n]$ 的共同的素因数, 则

$$\varphi(mn) = mn\left(1-\frac{1}{p_1}\right)\left(1-\frac{1}{p_2}\right)\cdots\left(1-\frac{1}{p_k}\right),$$

$$\varphi([m,n]) = [m,n]\left(1-\frac{1}{p_1}\right)\left(1-\frac{1}{p_2}\right)\cdots\left(1-\frac{1}{p_k}\right).$$

由此两式及 $mn=(m,n)[m,n]$ 即可得证.

习 题 4.2

1. 证明定理 4.2.1.

2. 设 $m_1,m_2,\cdots,m_n$ 是两两互素的正整数, x_i 分别通过模 m_i 的简化剩余系 ($1\leqslant i\leqslant n$), $m=m_1m_2\cdots m_n$, $M_i=\frac{m}{m_i}$, 则

$$M_1x_1+M_2x_2+\cdots+M_nx_n$$

通过模 m 的简化剩余系.

3. 设 $m>1$, $(a,m)=1$, $x_1,x_2,\cdots,x_{\varphi(m)}$ 是模 m 的简化剩余系, 证明:

$$\sum_{i=1}^{\varphi(m)}\left\{\frac{ax_i}{m}\right\}=\frac{1}{2}\varphi(m),$$

其中$\{x\}$表示 x 的小数部分.

4. 设 m 与 n 是正整数, 证明:

$$\varphi(mn)\varphi((m,n))=(m,n)\varphi(m)\varphi(n).$$

5. 设 a, b 是任意给定的正整数, 证明: 存在无穷多对正整数 m 与 n, 使得

$$a\varphi(m)=b\varphi(n).$$

6. 设 n 是正整数, 证明:

(i) $\varphi(n)>\frac{1}{2}\sqrt{n}$;

(ii) 若 n 是合数, 则 $\varphi(n)\leqslant n-\sqrt{n}$.

4.3 Euler 定理, Fermat 定理

本节介绍 Euler 定理和 Fermat 定理, 它们在理论和应用两个方面都是很重要的.

设$\{x_1,x_2,\cdots,x_{\varphi(m)}\}$是模 m 的一个简化剩余系 $(a,m)=1$, 由定理 4.2.2, $\{ax_1, ax_2,\cdots,ax_{\varphi(m)}\}$也是模 m 的简化剩余系, 于是

$$ax_1ax_2\cdots ax_{\varphi(m)}\equiv x_1x_2\cdots x_{\varphi(m)}(\bmod\ m),$$

$$a^{\varphi(m)}x_1x_2\cdots x_{\varphi(m)}\equiv x_1x_2\cdots x_{\varphi(m)}(\bmod\ m). \tag{4.3.1}$$

由于 $(x_1x_2\cdots x_{\varphi(m)},m)=1$, 所以由式 (4.3.1) 得出

$$a^{\varphi(m)}\equiv 1(\bmod\ m).$$

这就是著名的 Euler 定理.

定理 4.3.1 (Euler) 设 m 是正整数, $(a,m)=1$, 则

$$a^{\varphi(m)} \equiv 1(\text{mod } m). \qquad \square$$

作为 Euler 定理的特殊情况, 取 $m=p$, 若 $(a,p)=1$, 则

$$a^{p-1} \equiv 1(\text{mod } p) \Rightarrow a^p \equiv a(\text{mod } p);$$

若 $(a,p)>1$, 则 $p|a$, 则

$$a^p \equiv 0 \equiv a(\text{mod } p).$$

于是得到下面的定理.

定理 4.3.2(Fermat) 设 p 是素数, 则对于任意的整数 a, 有

$$a^p \equiv a(\text{mod } p). \qquad \square$$

例 4.3.1 设 n 是正整数, 则 $5\nmid 1^n+2^n+3^n+4^n$ 的充要条件是 $4|n$.

解 因为 $\varphi(5)=4$, 所以, 由定理 4.3.1 得到

$$k^4 \equiv 1(\text{mod } 5), \quad 1 \leqslant k \leqslant 4.$$

因此, 若 $n=4q+r$, $0\leqslant r \leqslant 3$, 则

$$1^n+2^n+3^n+4^n \equiv 1^r+2^r+3^r+4^r \equiv 1^r+2^r+(-2)^r+(-1)^r(\text{mod } 5), \quad (4.3.2)$$

用 $r=0, 1, 2, 3, 4$ 分别代入式 (4.3.2) 即可得出所需结论.

例 4.3.2 设$\{x_1,x_2,\cdots,x_{\varphi(m)}\}$是模 m 的简化剩余系, 则

$$(x_1x_2\cdots x_{\varphi(m)})^2 \equiv 1(\text{mod } m).$$

解 记 $P=x_1x_2\cdots x_{\varphi(m)}$, 则 $(P,m)=1$. 又记

$$y_i=\frac{P}{x_i}, \quad 1 \leqslant i \leqslant \varphi(m),$$

则$\{y_1,y_2,\cdots,y_{\varphi(m)}\}$也是模 m 的简化剩余系, 因此

$$\prod_{i=1}^{\varphi(m)} x_i \equiv \prod_{i=1}^{\varphi(m)} \frac{P}{x_i}(\text{mod } m),$$

再由 Euler 定理推出

$$P^2 \equiv P^{\varphi(m)} \equiv 1(\text{mod } m).$$

例 4.3.3 设 $(a,m)=1$, d_0 是使

$$a^d \equiv 1(\text{mod } m)$$

成立的最小正整数, 则

(i) $d_0|\varphi(m)$;

(ii) 对于任意的 i, j, $0\leqslant i,j \leqslant d_0-1$, $i \neq j$, 有

$$a^i \not\equiv a^j(\text{mod } m). \tag{4.3.3}$$

解 (i) 由 Euler 定理, $d_0 \leqslant\varphi(m)$. 由带余数除法, 有

$$\varphi(m) = qd_0 + r, \quad q \in \mathbf{Z}, \quad q > 0, \quad 0 \leqslant r < d_0.$$

由上式及 d_0 的定义, 利用定理 4.3.1, 我们得到

$$1 \equiv a^{\varphi(m)} = a^{qd_0+r} \equiv a^r(\text{mod } m),$$

即整数 r 满足

$$a^r \equiv 1(\text{mod } m), \quad 0 \leqslant r < d_0.$$

由 d_0 的定义可知必是 r=0, 即 $d_0|\varphi(m)$;

(ii) 若式 (4.3.3) 不成立, 就有 i, j, $0\leqslant i,j \leqslant d_0-1$, $i \neq j$, 使得

$$a^i \equiv a^j(\text{mod } m).$$

不妨设 $i > j$. 因为 $(a,m)=1$, 所以

$$a^{i-j} \equiv 1(\text{mod } m), \quad 0 < i - j < d_0.$$

这与 d_0 的定义矛盾, 所以式 (4.3.3) 必成立.

例 4.3.4 设 a, b, c, m 是正整数, $m > 1$, $(b,m)=1$, 并且

$$b^a \equiv 1(\text{mod } m), \quad b^c \equiv 1(\text{mod } m), \tag{4.3.4}$$

则 $b^d \equiv 1(\text{mod } m)$, 其中 $d=(a,c)$.

解 利用辗转相除法可以求出整数 x, y, 使得 $ax+cy=d$, 显然 $xy< 0$.

若 $x > 0$, $y < 0$, 由式 (4.3.4) 知

$$1 \equiv b^{ax} = b^d b^{-cy} = b^d(b^c)^{-y} \equiv b^d(\text{mod } m).$$

若 $x<0, y>0$, 由式 (4.3.4) 知

$$1 \equiv b^{cy} = b^d b^{-ax} = b^d (b^a)^{-x} \equiv b^d (\mathrm{mod}\ m).$$

例 4.3.5　设 p 是素数, $p|b^n-1$, $n \in \mathbf{N}$, 则结论

(i) $p|b^d-1$ 对于 n 的某个因数 $d<n$ 成立;

与

(ii) $p \equiv 1(\mathrm{mod}\ n)$

至少有一个成立.

若 $2\nmid n$, $p>2$, 则 (ii) 中的 mod n 可以改为 mod $2n$.

解　记 $d=(n, p-1)$, 由 $b^n \equiv 1$, $b^{p-1} \equiv 1(\mathrm{mod}\ p)$, 及例 4.3.4, 有

$$b^d \equiv 1(\mathrm{mod}\ p).$$

若 $d<n$, 则结论 (i) 得证.

若 $d=n$, 则 $n|p-1$, 即 $p \equiv 1(\mathrm{mod}\ n)$, 这就是结论 (ii).

若 $2\nmid n$, $p>2$, 则 $p \equiv 1(\mathrm{mod}\ 2)$. 由此及结论 (ii), 并利用同余的基本性质, 得到 $p \equiv 1(\mathrm{mod}\ 2n)$.

注 1　例 4.3.5 提供了一个求素因数的方法, 就是说, 整数 b^n-1 的素因数 p 是 b^d-1(当 $d|n$ 时) 的素因数, 或者是形如 $kn+1$ 的数 (当 $2\nmid n$, $p>2$ 时, 是形如 $2kn+1$ 的数).

例 4.3.6　将 $2^{11}-1=2047$ 分解因数.

解　由例 4.3.5, 若 $p|2^{11}-1$, 则 $p \equiv 1(\mathrm{mod}\ 22)$, 即 p 只能在数列

$$23, 45, 67, \cdots, 22k+1, \cdots$$

中. 逐个用其中的素数去除 2047, 得到

$$23|2047, \quad 2047 = 23 \cdot 89.$$

例 4.3.7　将 $2^{35}-1=34359738367$ 分解因数.

解　由例 4.3.5, 若 $p|2^{35}-1$, 则 p 是 $2^5-1=31$ 或 $2^7-1=127$ 的素因数, 或者 $p \equiv 1(\mathrm{mod}\ 70)$. 由于 31 和 127 是素数, 并且

$$2^{35}-1 = 31 \cdot 127 \cdot 8727391,$$

所以, $2^{35}-1$ 的另外的素因数 p 只可能在数列

$$71, 211, 281, \cdots \tag{4.3.5}$$

中. 经检验, 得到 8727391=71·122921.

显然, 122921 的素因数也在 31, 127 或者数列 (4.3.5) 中. 简单的计算表明, 122921 不能被 31 和 127 整除, 也不能被数列 (4.3.5) 中的不超过 $\sqrt{122921} < 351$ 的数整除, 所以 122921 是素数, 于是

$$2^{35} - 1 = 31 \cdot 127 \cdot 71 \cdot 122921.$$

例 4.3.8 设 n 是正整数, 记 $F_n = 2^{2^n} + 1$, 则 $2^{F_n} \equiv 2 (\bmod F_n)$.

解 容易验证, 当 $n \leqslant 4$ 时 F_n 是素数, 所以, 由 Fermat 定理可知结论显然成立.

当 $n \geqslant 5$ 时, 有 $n+1 < 2^n$, $2^{n+1} | 2^{2^n}$. 记 $2^{2^n} = k2^{n+1}$, 则

$$\begin{aligned} 2^{F_n} - 2 &= 2^{2^{2^n}+1} - 2 = 2(2^{2^{2^n}} - 1) = 2(2^{k2^{n+1}} - 1) \\ &= 2((2^{2^{n+1}})^k - 1) = 2Q_1(2^{2^{n+1}} - 1) = Q_2(2^{2^n} + 1), \end{aligned}$$

其中 Q_1 与 Q_2 是整数. 上式即是 $2^{F_n} \equiv 2 (\bmod F_n)$.

注 2 我们已经知道, F_5 是合数, 因此, 例 4.3.8 说明, 一般地, Fermat 定理的逆定理不成立. 即若有整数 a, $(a,n)=1$, 使得

$$a^{n-1} \equiv 1 (\bmod n), \tag{4.3.6}$$

并不能保证 n 是素数. 本节习题第 3 题说明, 即使所有的与 n 互素的整数都满足式 (4.3.6), 也不能保证 n 是素数.

注 3 设 n 是合数, 若存在整数 a, $(a,n)=1$, 使得式 (4.3.6) 成立, 则称 n 是关于基数 a 的伪素数.

例 4.3.9 对于任意的正整数 $a \geqslant 3$, 存在无穷多个关于基数 a 的伪素数.

解 取奇素数 p, $(p,a(a^2-1))=1$, 令

$$m = \frac{a^p - 1}{a - 1} \cdot \frac{a^p + 1}{a + 1} = \frac{a^{2p} - 1}{a^2 - 1},$$

则 m 是合数. 由于 $p-1$ 是偶数, 所以, $a^2-1 | a^{p-1}-1$; 由 Euler 定理, 又有 $p | a^{p-1}-1$. 但是 $(p,a^2-1)=1$, 所以 $p(a^2-1) | a^{p-1}-1$. 此外, 由于 a 和 a^p 有相同的奇偶性, 所以 $2 | a + a^p$. 注意到

$$(a^2 - 1)(m - 1) = a^{2p} - a^2 = a(a^{p-1} - 1)(a^p + a),$$

我们得到

$$2p(a^2 - 1) | (a^2 - 1)(m - 1) \Rightarrow 2p | m - 1,$$

即存在整数 t, 使得 $m=1+2pt$.

由 m 的定义, 有

$$a^{2p}=1+m(a^2-1)\equiv 1(\bmod m),$$

因此

$$a^{m-1}=a^{2pt}\equiv 1(\bmod m),$$

并且 $(a,m)=1$, 这说明 m 是关于基数 a 的伪素数. 由于满足条件的素数 p 有无穷多个, 所以, 关于基数 a 的伪素数 m 也有无穷多个.

习　题　4.3

1. 证明: $1978^{103}-1978^3$ 能被 10^3 整除.
2. 求 313^{159} 被 7 除的余数.
3. 证明: 对于任意的整数 a, $(a,561)=1$, 都有 $a^{560}\equiv 1(\bmod 561)$, 但 561 是合数.
4. 设 p, q 是两个不同的素数, 证明:

$$p^{q-1}+q^{p-1}\equiv 1(\bmod pq).$$

5. 将 $6^{12}-1$ 分解成素因数之积.
6. 设 $n\in\mathbf{N}$, $b\in\mathbf{N}$, 对于 b^n+1 的素因数, 你有什么与例 4.3.5 相似的结论?

4.4　数 论 函 数

定义 4.4.1　在全体 (或部分) 正整数集合或整数集合上定义的函数, 称为数论函数, 或算术函数.

定义 4.4.2　若

$$f(mn)=f(m)f(n) \tag{4.4.1}$$

对于任何互素的整数 m 与 n 成立, 则称 $f(n)$ 是积性函数; 若 (4.4.1) 式对任意的 m 与 n 成立, 则称 $f(n)$ 是完全积性函数.

设函数 $f(n)$ 是不恒等于零的数论函数, 由 $f(n)=f(n)f(1)$ 可知 $f(1)=1$; 此外, 若 n 的标准分解式是 $n=p_1^{\alpha_1}p_2^{\alpha_2}\cdots p_k^{\alpha_k}$, 则

$$f(p_1^{\alpha_1}p_2^{\alpha_2}\cdots p_k^{\alpha_k})=f(p_1^{\alpha_1})f(p_2^{\alpha_2})\cdots f(p_k^{\alpha_k}). \tag{4.4.2}$$

另一方面, 假设 (4.4.2) 式对于所有的 n 成立, 那么, 如果 $m>1$, $n>1$, $(m,n)=1$, 不妨设 m 与 n 的标准分解式分别是

$$m=p_1^{\alpha_1}p_2^{\alpha_2}\cdots p_k^{\alpha_k}\quad 与\quad n=q_1^{\beta_1}q_2^{\beta_2}\cdots q_r^{\beta_r},$$

其中 $p_i(1 \leqslant i \leqslant k)$ 与 $q_j(1 \leqslant j \leqslant r)$ 是互不相同的素数, 则由式 (4.4.2) 得到

$$
\begin{aligned}
f(mn) &= f(p_1^{\alpha_1}p_2^{\alpha_2}\cdots p_k^{\alpha_k}q_1^{\beta_1}q_2^{\beta_2}\cdots q_r^{\beta_r}) \\
&= f(p_1^{\alpha_1})f(p_2^{\alpha_2})\cdots f(p_k^{\alpha_k})f(q_1^{\beta_1})f(q_2^{\beta_2})\cdots f(q_r^{\beta_r}) \\
&= f(m)f(n),
\end{aligned}
$$

即 $f(n)$ 是积性函数.

这样就有如下结论.

定理 4.4.1 设函数 $f(n)$ 是不恒等于零的数论函数, 则 $f(n)$ 是积性函数的充要条件是: $f(1)=1$ 并且对任意的 $n \in \mathbf{N}$, $n>1$, (4.4.2) 式成立. □

用同样的方法可以证明下面的定理 (留作习题).

定理 4.4.2 设函数 $f(n)$ 是不恒为零的数论函数, 则 $f(n)$ 是完全积性函数的充要条件是: $f(1)=1$ 并且对任意的 $n \in \mathbf{N}$, $n>1$, 有

$$
f(p_1^{\alpha_1}p_2^{\alpha_2}\cdots p_k^{\alpha_k}) = f(p_1)^{\alpha_1}f(p_2)^{\alpha_2}\cdots f(p_k)^{\alpha_k},
$$

其中 $n = p_1^{\alpha_1}p_2^{\alpha_2}\cdots p_k^{\alpha_k}$ 是 n 的标准分解式.

定义 4.4.3 除数函数 $d(n)$ 表示数 n 的正因数的个数, 即

$$
d(n) = \sum_{d|n} 1.
$$

显然 $d(1)=1$. 若 $n = p_1^{\alpha_1}\cdots p_k^{\alpha_k}$ 是 n 的标准分解式, 则

$$
d(n) = (\alpha_1+1)(\alpha_2+1)\cdots(\alpha_k+1), \tag{4.4.3}
$$

即有如下结论.

定理 4.4.3 除数函数 $d(n)$ 是积性函数, 并且用 (4.4.3) 式计算. □

定义 4.4.4 Möbiuss 函数 $\mu(n)$ 如下定义:

$$
\mu(n) = \begin{cases} 1, & n=1, \\ (-1)^s, & n = p_1p_2\cdots p_s, \\ 0, & \text{其他}, \end{cases}
$$

其中 $p_1, \cdots, p_s$ 是互不相同的素数.

由 $\mu(n)$ 的定义可知它是积性函数.

当 $n>1$ 时, 设 n 的标准分解式是 $n=p_1^{\alpha_1}\cdots p_k^{\alpha_k}$, 则由 $\mu(n)$ 的定义得到

$$\begin{aligned}\sum_{d|n}\mu(n)=&\mu(1)+\mu(p_1)+\cdots+\mu(p_k)+\mu(p_1p_2)\\&+\mu(p_1p_3)+\cdots+\mu(p_{k-1}p_k)+\cdots+\mu(p_1p_2\cdots p_k)\\=&1+\binom{k}{1}(-1)+\binom{k}{2}(-1)^2+\cdots+\binom{k}{k}(-1)^k\\=&(1-1)^k=0.\end{aligned}$$

这样就得到了如下结论.

定理 4.4.4　$\mu(n)$ 是积性函数, 并且

$$\sum_{d|n}\mu(d)=\begin{cases}1, & n=1,\\ 0, & n>1.\end{cases}\tag{4.4.4}$$

□

定义 4.4.5　Euler-φ 函数 $\varphi(n)$ 表示不超过 n 并且与 n 互素的正整数的个数, 即

$$\varphi(n)=\sum_{1\leqslant d\leqslant n,(d,n)=1}1.$$

由 $\varphi(n)$ 的定义及定理 4.4.4, 有

$$\begin{aligned}\varphi(n)=&\sum_{\substack{1\leqslant d\leqslant n\\(d,n)=1}}1=\sum_{1\leqslant d\leqslant n}\sum_{l|(d,n)}\mu(l)\\=&\sum_{1\leqslant d\leqslant n}\sum_{\substack{l|d\\l|n}}\mu(l)=\sum_{l|n}\mu(l)\sum_{\substack{1\leqslant d\leqslant n\\l|d}}1\\=&\sum_{l|n}\mu(l)\frac{n}{l}=n\sum_{l|n}\frac{\mu(l)}{l}.\end{aligned}\tag{4.4.5}$$

若 $(m,n)=1$, 那么, 对于任意的 l, $l|mn$, 必有 l_1,l_2, 使得 $(l_1,l_2)=1,l=l_1l_2$, 并且 $l_1|m,l_2|m$. 因为 $\mu(n)$ 是积性函数, 所以 $\mu(l_1l_2)=\mu(l_1)\mu(l_2)$, 于是

$$\begin{aligned}\varphi(mn)=&mn\sum_{l|mn}\frac{\mu(l)}{l}=mn\sum_{\substack{l_1l_2|mn\\l_1|m,l_2|n,(l_1,l_2)=1}}\frac{\mu(l_1l_2)}{l_1l_2}\\=&m\sum_{l_1|m}\frac{\mu(l_1)}{l_1}\cdot n\sum_{l_2|n}\frac{\mu(l_2)}{l_2}=\varphi(m)\varphi(n),\end{aligned}$$

这说明 $\varphi(n)$ 是积性函数.

设 p 是素数, $n=p^\alpha$, 则在不超过 $n=p^\alpha$ 的正整数中, 不与 p^α 互素的数是 $kp(1\leqslant k\leqslant p^{\alpha-1})$ 的形式, 共 $p^{\alpha-1}$ 个, 所以

$$\varphi(p^\alpha)=p^\alpha-p^{\alpha-1}=p^\alpha\left(1-\frac{1}{p}\right).$$

于是有如下结论.

定理 4.4.5 $\varphi(n)$ 是积性函数, 并且

$$\varphi(n)=n\left(1-\frac{1}{p_1}\right)\left(1-\frac{1}{p_2}\right)\cdots\left(1-\frac{1}{p_k}\right), \tag{4.4.6}$$

其中 $p_1,p_2,\cdots,p_k$ 是 n 的不同的素因数. □

定义 4.4.6 整数部分函数 $[x]$ 等于不超过 x 的最大整数, 即 x 的整数部分.

对于函数 $[x]$, 下面的性质是易证的:

(i) $x\geqslant y\Rightarrow[x]\geqslant[y]$;

(ii) $x-1<[x]\leqslant x$;

(iii) 若 n 是整数, 则 $[n+x]=n+[x]$;

(iv) $[x+y]=\begin{cases}[x]+[y], & \text{当}x+y-[x]-[y]<1,\\ [x]+[y]+1, & \text{当}x+y-[x]-[y]\geqslant 1;\end{cases}$

(v) 设 $x>0, n\in\mathbf{N}$, 则不超过 x 且被 n 整除的正整数的个数是 $\left[\dfrac{x}{n}\right]$.

由性质 (v) 可知, 不超过 n 且能被 p^r 整除的正整数有 $\left[\dfrac{n}{p^r}\right]$ 个, 因此, 满足

$$m\leqslant n,\quad p^r|m,\quad p^{r+1}\nmid m$$

的正整数 m 的个数是 $\left[\dfrac{n}{p^r}\right]-\left[\dfrac{n}{p^{r+1}}\right]$. 所以, $n!$ 中所含的 p 的指数应是

$$\alpha=1\cdot\left(\left[\frac{n}{p}\right]-\left[\frac{n}{p^2}\right]\right)+2\cdot\left(\left[\frac{n}{p^2}\right]-\left[\frac{n}{p^3}\right]\right)+\cdots+r\left(\left[\frac{n}{p^r}\right]-\left[\frac{n}{p^{r+1}}\right]\right)+\cdots. \tag{4.4.7}$$

将 (4.4.7) 式稍作整理, 就得到如下结论.

定理 4.4.6 在 $n!$ 的素因数分解式中, 素因数 p 的指数是

$$\alpha=\left[\frac{n}{p}\right]+\left[\frac{n}{p^2}\right]+\cdots+\left[\frac{n}{p^r}\right]+\cdots.$$ □

定义 4.4.7 $\pi(x)$ 等于不超过 x 的素数的个数.

假设 $p_1,p_2,\cdots,p_n$ 是互不相同的素数, 令 $N=p_1p_2\cdots p_n+1$, 则 N 必定有一个素因数 p, 由于 $p_i\nmid N(1\leqslant i\leqslant n)$, 所以 p 是不同于任何 p_i 的另一个素数, 这说明在任何有限个素数之外必还有一个与它们不同的素数. 这就得到如下结论.

定理 4.4.7　$\pi(x) \to \infty \ (x \to \infty)$. □

关于 $\pi(x)$, 有一著名的定理, 但其证明过程已超出本书范畴, 因此, 此处只给出结论.

定理 4.4.8 (素数定理)　设 $\log x$ 是以 e 为底的 x 的对数, 则

$$\pi(x) \sim \frac{x}{\log x} \quad (x \to \infty).$$

定义 4.4.8　设 $f(n)$ 是数论函数, 称函数

$$F(n) = \sum_{d|n} f(d), \quad n \in \mathbf{N} \tag{4.4.8}$$

是 $f(n)$ 的 Möbius 变换, $f(n)$ 是 $F(n)$ 的 Möbius 逆变换.

例如, 取 $f(n)=1$, 则 $F(n)=\sum\limits_{d|n} 1 = d(n)$; 取 $f(n)=n$, 则 $F(n)=\sum\limits_{d|n} d$ 是 n 的所有正约数 d 之和, 通常记为 $\sigma(n)$.

设 $n = p_1^{\alpha_1} p_2^{\alpha_2} \cdots p_k^{\alpha_k}$ 是正整数 n 的标准分解式. 那么 n 的正约数具有

$$p_1^{i_1} p_2^{i_2} \cdots p_k^{i_k} \quad (0 \leqslant i_1 \leqslant a_1, 0 \leqslant i_2 \leqslant a_2, \cdots, 0 \leqslant i_k \leqslant a_k)$$

的形式, 于是

$$F(n) = \sum_{i_1=0}^{\alpha_1} \cdots \sum_{i_k=0}^{\alpha_k} f(p_1^{i_1} \cdots p_k^{i_k}); \tag{4.4.9}$$

如果 $f(n)$ 是积性函数, 则上式成为

$$\begin{aligned} F(n) &= \sum_{i_1=0}^{\alpha_1} f(p_1^{i_1}) \cdots \sum_{i_k=0}^{\alpha_k} f(p_k^{i_k}) \\ &= \prod_{i=1}^{k} (1 + f(p_i) + \cdots + f(p_i^{\alpha_i})), \end{aligned} \tag{4.4.10}$$

由此得到如下结论.

定理 4.4.9　(i) 设 $F(n)$ 是 $f(n)$ 的 Möbius 变换, 则 (4.4.9) 式成立;
(ii) 如果 $f(n)$ 是积性函数, 则 (4.4.10) 式成立, 而且 $F(n)$ 也是积性函数. □

例 4.4.1　设 p 与 q 是奇素数, $p \neq q$, 则

$$\sum_{0<x<\frac{q}{2}} \left[\frac{p}{q}x\right] + \sum_{0<y<\frac{p}{2}} \left[\frac{q}{p}y\right] = \frac{1}{4}(p-1)(q-1).$$

解　记 $P = \dfrac{p-1}{2}, Q = \dfrac{q-1}{2}$, 在图 4.1 中, L 是直线 $y = \dfrac{q}{p}x$. 由于 $p \neq q$, 所

以在直线 L 上除原点 O 外没有整点(即两个坐标都是整数的点). 此外, 点 C 的 y 坐标是 $\frac{q}{p}\cdot\frac{p-1}{2}<\frac{q}{2}=Q+\frac{1}{2}$, 所以, 除 A 点外, 在线段 AC 上也没有整点, 因此, 由

$$\begin{aligned}&\triangle OCP\text{上的整点个数}\\&+\triangle OBQ\text{上的整点个数}\\=&\text{矩形}OPAQ\text{上的整点个数}\\&-OP\text{与}OQ\text{上的整点个数},\end{aligned}$$

$$\sum_{j=1}^{P}\left[\frac{p}{q}j\right]=\triangle OCP\text{上的整点个数}-OP\text{上的整点个数},$$

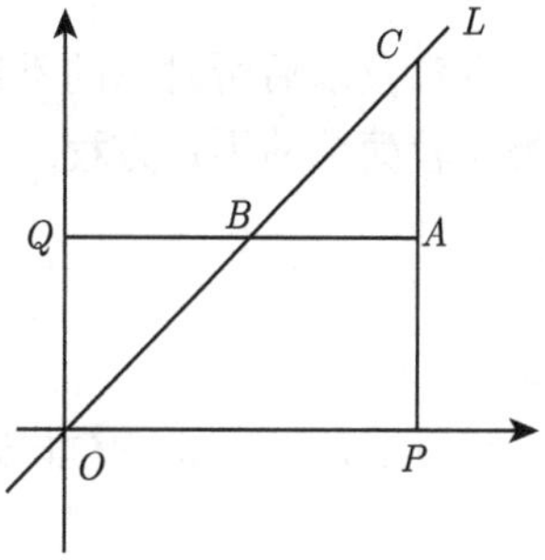

图 4.1

以及

$$\sum_{j=1}^{Q}\left[\frac{q}{p}j\right]=\triangle OBQ\text{上的整点个数}-OQ\text{上的整点个数},$$

即可得出结论.

习 题 4.4

1. 证明:

(1) $\varphi(n)>\frac{1}{2}\sqrt{n}$;

(2) 若 n 是合数, 则 $\varphi(n)\leqslant n-\sqrt{n}$.

2. 定义 Mangolt 函数

$$\Lambda(n)=\begin{cases}\log p, & \text{当}n=p^k(p\text{是素数}),k\geqslant 1;\\ 0, & \text{其他}.\end{cases}$$

证明 $\log n$ 是 $\Lambda(n)$ 的 Möbius 变换.

3. 利用调和级数 $\sum_{n=1}^{\infty}\frac{1}{n}$ 的发散性, 证明级数 $\sum_{p}\frac{1}{p}$ 发散, 此处 $\sum_{p}$ 是对所有素数求和.

4. 在区间 $[n,n^2]$ 中任取一个奇数, 试求这个奇数是素数的概率.

5. 设 n 不是完全平方数, 并且 $n-n^{\frac{3}{2}}<\varphi(n)<n-1$, 证明 n 是两个素数之积.

6. 证明定理 4.4.2.

第5章　不 定 方 程

本章及以后所讨论的不定方程, 是指整数变量的整系数代数方程. 本章只讨论几类比较简单的不定方程.

5.1　一次不定方程

设 $a_1, a_2, \cdots, a_n$ 是非零整数, b 是整数, 称

$$a_1x_1 + a_2x_2 + \cdots + a_nx_n = b \tag{5.1.1}$$

是 n 元一次不定方程, 其中变量 $x_1, x_2, \cdots, x_n$ 均取整数值.

若有整数 $x_1^0, x_2^0, \cdots, x_n^0$ 满足方程 (5.1.1), 则称 $(x_1^0, x_2^0, \cdots, x_n^0)$ 是方程 (5.1.1) 的解, 或说 $x_1 = x_1^0, x_2 = x_2^0, \cdots, x_n = x_n^0$ 是方程 (5.1.1) 的解.

设 $d = (a_1, a_2, \cdots, a_n)$.

若方程 (5.1.1) 有解, 设为 $(x_1, x_2, \cdots, x_n)$. 则由 $d|a_i(1 \leqslant i \leqslant n)$ 及整除的性质得到

$$d = (a_1, a_2, \cdots, a_n)|b. \tag{5.1.2}$$

另一方面, 由最大公约数的性质, 对于给定的 $a_1, a_2, \cdots, a_n$, 存在整数 $y_1, y_2, \cdots, y_n$ 使得

$$a_1y_1 + a_2y_2 + \cdots + a_ny_n = (a_1, a_2, \cdots, a_n) = d.$$

因此, 若式 (5.1.2) 成立, 则 $\left(\frac{b}{d}y_1, \frac{b}{d}y_2, \cdots, \frac{b}{d}y_n\right)$ 就是方程 (5.1.1) 的解.

这样, 我们得到了如下结论.

定理 5.1.1　方程 (5.1.1) 有解的充要条件是

$$(a_1, a_2, \cdots, a_n)|b. \qquad \square$$

注 1　如果方程 (5.1.1) 有解, 那么它与一个所有系数互素的方程等价.

下面我们来讨论同余方程在有解的情形下, 它的解的形式.

先考虑二元一次不定方程.

设 a, b, c 是整数, 方程

$$ax + by = c \tag{5.1.3}$$

有解 (x_0, y_0). 设 (x, y) 是它的任一解, 则由

$$ax_0 + by_0 = ax + by = c$$

得到

$$a(x - x_0) = -b(y - y_0),$$
$$\frac{a}{(a,\ b)}(x - x_0) = -\frac{b}{(a,\ b)}(y - y_0).$$

由此, 以及

$$\left(\frac{a}{(a,\ b)}, \frac{b}{(a,\ b)}\right) = 1,$$

和定理 1.3.2, 得到 $\frac{b}{(a,\ b)} | x - x_0$, 因此必有整数 t, 使得

$$x - x_0 = \frac{b}{(a,\ b)}t, \quad y - y_0 = -\frac{a}{(a, b)}t.$$

容易验证上式所求得的 x 和 y 满足方程 (5.1.3). 这就得到了如下结论.

定理 5.1.2 设 a, b, c 是整数, 方程

$$ax + by = c$$

若有解 (x_0, y_0), 则它的一切解具有

$$\begin{cases} x = x_0 + b_1 t, \\ y = y_0 - a_1 t, \end{cases} \quad t \in \mathbf{Z}$$

的形式, 其中 $a_1 = \frac{a}{(a,\ b)}, b_1 = \frac{b}{(a,\ b)}$. □

定理 5.1.1 和定理 5.1.2 说明了解方程 (5.1.3) 的步骤:

(i) 判断方程是否有解, 即 $(a, b) | c$ 是否成立;

(ii) 利用辗转相除法求出 x_0, y_0, 使得 $ax_0 + by_0 = (a, b)$;

(iii) 写出方程 (5.1.3) 的解

$$\begin{cases} x = x_0 c_1 + b_1 t, \\ y = y_0 c_1 - a_1 t, \end{cases} \quad t \in \mathbf{Z},$$

其中 $(a, b)c_1 = c, a_1 = \frac{a}{(a,\ b)}, b_1 = \frac{b}{(a,\ b)}$.

例 5.1.1 求不定方程 $3x + 6y = 15$ 的解.

解　$(3,6)=3|15$, 所以方程有解.

由辗转相除法 (或直接观察), 可知 $x=-1$, $y=1$ 是

$$3x+6y=3$$

的解, 所以 $x_0=-5$, $y_0=5$ 是原方程的一个解. 由定理 5.1.2, 所求方程的解是

$$\begin{cases} x=-5+2t, \\ y=5-t, \end{cases} \quad t\in \mathbf{Z}.$$

对于一般的多元一次方程求解, 我们先看一个例子.

例 5.1.2　求不定方程 $3x+6y+12z=15$ 的解.

解　原方程等价于

$$x+2y+4z=5, \tag{5.1.4}$$

它又等价于方程组

$$\begin{cases} t+4z=5, \\ x+2y=t. \end{cases} \tag{5.1.5}$$

这个方程组中的两个方程的解分别是

$$\begin{cases} t=1+4u, \\ z=1-u, \end{cases} \quad u\in \mathbf{Z} \tag{5.1.6}$$

与

$$\begin{cases} x=-t+2v, \\ y=t-v, \end{cases} \quad v\in \mathbf{Z}. \tag{5.1.7}$$

联合式 (5.1.6) 与式 (5.1.7), 并将其中的 t 消去, 得到方程组 (5.1.5) 的解

$$\begin{cases} x=-1-4u+2v, \\ y=1+4u-v, \\ z=1-u, \end{cases} \quad u,v\in \mathbf{Z}.$$

这就是方程 (5.1.4) 的解.

注 2　本例在解方程时, 首先将原方程化为等价方程 (5.1.4), 这使问题简化. 对例 5.1.1 也可以如此处理.

例 5.1.2 表明, 在引入一个中间变量 t 后, 求解三元一次不定方程的问题化归为求解两个二元一次不定方程的问题. 由此思路出发, 我们考虑 n 元一次不定方程的求解问题.

设 $(x_1, x_2, \cdots, x_n)$ 是方程 (5.1.1) 的解, 则

$$a_1x_1 + a_2x_2 + \cdots + a_{n-1}x_{n-1} + a_nx_n = b. \tag{5.1.8}$$

令

$$a_1x_1 + a_2x_2 + \cdots + a_{n-1}x_{n-1} = b',$$

则由定理 5.1.1,

$$d_{n-1} = (a_1, a_2, \cdots, a_{n-1})|b'.$$

因此, 存在 $t \in \mathbf{Z}$, 使得

$$a_1x_1 + a_2x_2 + \cdots + a_{n-1}x_{n-1} = d_{n-1}t, \tag{5.1.9}$$

再由 (5.1.8) 式, 得到

$$d_{n-1}t + a_nx_n = b,$$

因此, $(x_1, x_2, \cdots, x_n, t)$ 满足方程组

$$\begin{cases} a_1x_1 + a_2x_2 + \cdots + a_{n-1}x_{n-1} = d_{n-1}t, \\ d_{n-1}t + a_nx_n = b. \end{cases} \tag{5.1.10}$$

另一方面, 容易看出, 如果 $(x_1, x_2, \cdots, x_n, t)$ 满足方程组 (5.1.10), 则 $(x_1, x_2, \cdots, x_n)$ 必是方程 (5.1.1) 的解.

这样, 我们就得到了如下结论.

定理 5.1.3 设 $a_1, a_2, \cdots, a_n, b$ 是整数,

$$(a_1, a_2, \cdots, a_{n-1}) = d_{n-1}, \quad (a_1, a_2, \cdots, a_n) = d_n,$$

则 $(x_1, x_2, \cdots, x_n)$ 是方程 (5.1.1) 的解的充分必要条件, 是存在整数 t 使得 $(x_1, x_2, \cdots, x_n, t)$ 是方程组 (5.1.10) 的解. □

定理 5.1.3 说明了求解 n 元一次不定方程的方法: 先解方程组 (5.1.10) 中的第二个方程, 再解方程组 (5.1.10) 中的第一个方程, 于是, 解 n 元一次不定方程就化为解 $n-1$ 元一次不定方程. 重复这个过程, 最终归结为求解二元一次不定方程.

由定理 1.3.3, 记

$$(a_1, a_2) = d_2, (d_2, a_3) = d_3, \cdots, (d_{n-2}, a_{n-1}) = d_{n-1}, (d_{n-1}, a_n) = d_n,$$

逐个地解方程

$$\begin{aligned} &d_{n-1}t_{n-1} + a_nx_n = b, \\ &d_{n-2}t_{n-2} + a_{n-1}x_{n-1} = d_{n-1}t_{n-1}, \\ &\quad \cdots\cdots \\ &d_2t_2 + a_3x_3 = d_3t_3, \\ &a_1x_1 + a_2x_2 = d_2t_2, \end{aligned}$$

并且消去中间变量 $t_2, t_3, \cdots, t_{n-1}$, 就可以得到方程 (5.1.1) 的解.

例 5.1.3　设 a 与 b 是正整数, $(a, b) = 1$, 则任何大于 $ab - a - b$ 的整数 n 都可以表示成 $n = ax + by$ 的形式, 其中 x 与 y 是非负整数, 但是 $n = ab - a - b$ 不能表示成这种形式.

解　(i) 由定理 5.1.2, 方程

$$ax + by = n \tag{5.1.11}$$

的解具有

$$\begin{cases} x = x_0 + bt, \\ y = y_0 - at, \end{cases} \quad t \in \mathbf{Z} \tag{5.1.12}$$

的形式, 其中 x_0 与 y_0 满足方程 (5.1.11).

由假设条件 $n > ab - a - b$ 及式 (5.1.11) 与式 (5.1.12), 有

$$ax = n - by = n - b(y_0 - at) > ab - a - b - b(y_0 - at). \tag{5.1.13}$$

取整数 t, 使得

$$0 \leqslant y = y_0 - at \leqslant a - 1,$$

则由式 (5.1.13) 得到

$$ax > ab - a - b - b(a - 1) = -a,$$

$$x > -1, \quad x \geqslant 0,$$

即 $n = ax + by, x \geqslant 0, y \geqslant 0$.

(ii) 设有 $x \geqslant 0, y \geqslant 0$, 使得

$$ax + by = ab - a - b, \tag{5.1.14}$$

则

$$a(x + 1) + b(y + 1) = ab. \tag{5.1.15}$$

所以 $a|b(y + 1)$. 但是 $(a, b) = 1$, 于是必有

$$a|y + 1, \quad y + 1 \geqslant a.$$

同理可以证明 $x + 1 \geqslant b$, 从而

$$a(x + 1) + b(y + 1) \geqslant 2ab,$$

这与式 (5.1.15) 矛盾, 所以式 (5.1.14) 是不可能的.

例 5.1.4 将 $\frac{19}{30}$ 写成三个分数之和, 它们的分母分别是 2, 3 和 5.

解 设

$$\frac{19}{30}=\frac{x}{2}+\frac{y}{3}+\frac{z}{5},$$

则

$$15x+10y+6z=19.$$

依次解方程

$$5t+6z=19,$$

$$15x+10y=5t,$$

得到

$$\begin{cases} t=-1+6u, \\ z=4-5u, \end{cases} \quad u\in\mathbf{Z}, \tag{5.1.16}$$

$$\begin{cases} x=t+2v, \\ y=-t-3v, \end{cases} \quad v\in\mathbf{Z}. \tag{5.1.17}$$

从式 (5.1.16) 与式 (5.1.17) 中消去 t, 得到

$$\begin{cases} x=-1+6u+2v, \\ y=\ \ \ 1-6u-3v, \\ z=\ \ \ 4-5u, \end{cases} \quad u,v\in\mathbf{Z}.$$

取 $u=0$, $v=0$, 得到 $x=-1$, $y=1$, $z=4$, 因此

$$\frac{19}{30}=-\frac{1}{2}+\frac{1}{3}+\frac{4}{5}.$$

例 5.1.5 求不定方程 $x+2y+3z=7$ 的所有正整数解.

解 依次解方程

$$t+3z=7,$$

$$x+2y=t,$$

得到

$$\begin{cases} t=1+3u, \\ z=2-u, \end{cases} \quad u\in\mathbf{Z},$$

$$\begin{cases} x=t+2v, \\ y=-v. \end{cases} \quad v\in\mathbf{Z}.$$

从上式中消去 t, 得到

$$\begin{cases} x = 1 + 3u + 2v, \\ y = -v, \qquad\qquad u, v \in \mathbf{Z}. \\ z = 2 - u, \end{cases} \tag{5.1.18}$$

要使 $x \geqslant 1$, $y \geqslant 1$, $z \geqslant 1$, 则应有

$$3u + 2v \geqslant 0, \quad -v \geqslant 1, \quad 1 - u \geqslant 0. \tag{5.1.19}$$

所以

$$3u \geqslant -2v \geqslant 2, u \leqslant 1 \Rightarrow \frac{2}{3} \leqslant u \leqslant 1,$$

即 u=1. 由此及式 (5.1.19), 有

$$3 + 2v \geqslant 0, -v \geqslant 1 \Rightarrow -\frac{3}{2} \leqslant v \leqslant -1,$$

所以 $v = -1$. 将 u =1,$v = -1$ 代入式 (5.1.18), 得到原方程的唯一一组正整数 $x = 2$, $y = 1$, $z = 1$.

习　题　5.1

1. 将 $\dfrac{17}{105}$ 写成三个既约分数之和, 它们的分母分别是 3, 5 和 7.

2. 求方程 $x_1 + 2x_2 + 3x_3 = 41$ 的所有正整数解.

3. 解不定方程组:

$$\begin{cases} x_1 + 2x_2 + 3x_3 = 7, \\ 2x_1 - 5x_2 + 20x_3 = 11. \end{cases}$$

4. 甲班有学生 7 人, 乙班有学生 11 人, 现有 100 支铅笔分给这两个班, 要使甲班的学生分到相同数量的铅笔, 乙班学生也分到相同数量的铅笔, 问应怎样分?

5. 证明: 二元一次不定方程 $ax + by = n$, $a > 0, b > 0$, (a, b)=1 的非负整数解的个数为 $\left[\dfrac{n}{ab}\right]$ 或 $\left[\dfrac{n}{ab}\right]$+1.

6. 设 a 与 b 是正整数, $(a, b) = 1$, 证明: 1, 2, $\cdots$, $ab - a - b$ 中恰有 $\dfrac{(a-1)(b-1)}{2}$ 个整数可以表示成 $ax + by(x \geqslant 0, y \geqslant 0)$ 的形式.

5.2　方程 $x^2 + y^2 = z^2$

本节讨论二次方程

$$x^2 + y^2 = z^2. \tag{5.2.1}$$

容易看出, $(x, y, z) = (0, 0, 0)$, $(0, \pm a, \pm a)$ 以及 $(\pm a, 0, \pm a)$ 都是方程 (5.2.1) 的解. 若 (x, y, z) 是方程 (5.2.1) 的解, 则对于任何整数 k, (kx, ky, kz) 也是方程 (5.2.1) 的解. 此外, 若 $(x, y) = k$, 则 $k|z$, $(x, y, z) = k$. 因此, 我们只需研究方程 (5.2.1) 的满足下述条件的解:

$$x > 0, y > 0, z > 0, (x, y) = 1. \tag{5.2.2}$$

下面我们先来分析一下方程 (5.2.1) 的满足条件 (5.2.2) 的解有哪些特点. 设 (x, y, z) 是方程 (5.2.1) 的满足条件 (5.2.2) 的解.

若 $2|x$, $2|y$, 则 $2|z$, 这与 $(x, y, z) = 1$ 矛盾. 所以 x 与 y 中至少有一个奇数.

若 x 与 y 都是奇数, 则 z 是偶数, 因为

$$x^2 \equiv 1, y^2 \equiv 1, x^2 + y^2 \equiv 2 (\mathrm{mod}\ 8),$$

$$z^2 \equiv 0 \text{ 或 } 4 (\mathrm{mod}\ 8),$$

所以 x, y, z 不可能是方程 (5.2.1) 的解. 因此, x 与 y 有不同的奇偶性.

显然 x 与 y 不能都被 3 整除. 若 x 与 y 都不能被 3 整除, 则

$$x \equiv \pm 1, y \equiv \pm 1 (\mathrm{mod}\ 3),$$

$$x^2 \equiv 1, y^2 \equiv 1, x^2 + y^2 \equiv 2 (\mathrm{mod}\ 3). \tag{5.2.3}$$

但是, 对任意的 z, 总有 $z^2 \equiv 0$ 或 1 (mod 3). 这与式 (5.2.1) 和式 (5.2.3) 矛盾. 因此, x 与 y 中有且仅有一个数被 3 整除.

显然 x, y, z 中不能有两个同时被 5 整除. 若它们都不能被 5 整除, 则

$$x, y, z \equiv \pm 1, \pm 2 (\mathrm{mod}\ 5),$$

$$x^2, y^2, z^2 \equiv 1, 4 (\mathrm{mod}\ 5), \tag{5.2.4}$$

$$x^2 + y^2 \equiv 0, 2 \text{ 或 } 3 (\mathrm{mod}\ 5). \tag{5.2.5}$$

式 (5.2.1), 式 (5.2.4) 与式 (5.2.5) 是矛盾的, 因此, x, y, z 中有且仅有一个数被 5 整除.

综合以上讨论得到如下结论.

定理 5.2.1 若 (x, y, z) 是方程 (5.2.1) 的满足条件 (5.2.2) 的解, 则下面的结论成立:

(i) x 与 y 有不同的奇偶性;

(ii) x 与 y 中有且仅有一个数被 3 整除;

(iii) x, y, z 中有且仅有一个数被 5 整除. □

下面讨论方程 (5.2.1) 的解的形式, 我们要用到一个引理.

引理 5.2.1　不定方程 $xy = z^2$ 的满足条件

$$xy = z^2,\ x > 0,\ y > 0,\ z > 0,\ (x, y) = 1 \tag{5.2.6}$$

的一切正整数解, 可以写成下面的形式

$$x = a^2,\ y = b^2,\ z = ab,\ (a, b) = 1,\ a > 0,\ b > 0. \tag{5.2.7}$$

□

此引理是推论 1.5.4 的特殊情形.

不失一般性, 假设 $2|x$.

若 x, y, z 是方程 (5.2.1) 的满足式 (5.2.2) 以及 $2|x$ 的解, 则 $2\nmid y$, $2\nmid z$, 并且

$$\left(\frac{x}{2}\right)^2 = \left(\frac{y+z}{2}\right)\left(\frac{y-z}{2}\right). \tag{5.2.8}$$

记 $d = \left(\dfrac{y+z}{2}, \dfrac{y-z}{2}\right)$. 则有 $d|\dfrac{y+z}{2}, d|\dfrac{y-z}{2}$, 所以 $d|y, d|z$. 于是 $d|(y,z) = 1, d = 1$. 因此, 利用引理 5.2.1 及式 (5.2.8) 得到

$$\frac{x}{2} = ab,\quad \frac{y+z}{2} = a^2,\quad \frac{y-z}{2} = b^2,\quad a > 0, b > 0, (a, b) = 1.$$

从而

$$x = 2ab,\quad y = a^2 - b^2,\quad z = a^2 + b^2. \tag{5.2.9}$$

由 $y > 0$, 可知 $a > b$; 由于 x 与 y 有不同的奇偶性, 所以 $2\nmid y$, 因此, a 与 b 有不同的奇偶性.

反过来, 若 x, y, z 由式 (5.2.9) 确定, 容易验证它们满足方程 (5.2.1), 并且 $2|x$. 事实上, 设 d 是 (x, y) 的任一个素因数, 则由式 (5.2.1) 得到 $d^2|z^2$, 因此 $d|z$, 于是, 利用最大公约数的性质, 有

$$d|(y, z) = (a^2 - b^2, a^2 + b^2)$$

$$\Rightarrow d|a^2 - b^2, d|a^2 + b^2 \Rightarrow d|2(a^2, b^2) = 2.$$

所以 $d = 1$ 或 2. 由于 $2\nmid y$, 所以 $d = 1$, 这说明式 (5.2.2) 满足.

根据上面的分析, 得到如下结论.

定理 5.2.2　方程 (5.2.1) 的满足式 (5.2.2) 和 $2|x$ 的一切正整数解具有下面的形式:

$$x = 2ab,\quad y = a^2 - b^2,\quad z = a^2 + b^2,$$

其中 $a>b>0$, $(a,b)=1$, a 与 b 有不同的奇偶性. □

推论 5.2.1 单位圆周上坐标都是有理数的点 (称为有理点), 可以写成

$$\left(\pm\frac{2ab}{a^2+b^2},\pm\frac{a^2-b^2}{a^2+b^2}\right) \quad 或 \quad \left(\pm\frac{a^2-b^2}{a^2+b^2},\pm\frac{2ab}{a^2+b^2}\right)$$

的形式, 其中 a 与 b 是不全为零的整数. □

例 5.2.1 不定方程

$$x^4+y^4=z^2 \tag{5.2.10}$$

没有满足 $xyz\neq 0$ 的整数解.

解 用反证法. 不妨只考虑方程 (5.2.10) 的正整数解. 若它有满足 $xyz\neq 0$ 的正整数解, 设 (x_0, y_0, z_0) 是方程 (5.2.10) 的有最小的 z 的一组解. 令 $d=(x_0, y_0)$, 则由式 (5.2.10) 得到 $d^4|z_0^2$,$d^2|z_0$, 从而 $\left(\frac{x_0}{d},\frac{y_0}{d},\frac{z_0}{d^2}\right)$ 也是方程 (5.2.10) 的解. 因此, 由 z_0 的最小性, 可知

$$d=(x_0,y_0)=1, \quad (x_0^2,y_0^2)=d^2=1.$$

显然 x_0^2 与 y_0^2 有不同的奇偶性. 不妨设 $2|x_0$, $2\nmid y_0$.

由定理 5.2.2, 存在正整数 a, b, 使得

$$(a,b)=1, \quad a>b>0, \tag{5.2.11}$$

其中 a 与 b 有不同的奇偶性, 并且

$$x_0^2=2ab, \quad y_0^2=a^2-b^2, \quad z_0=a^2+b^2. \tag{5.2.12}$$

下面按照 a 与 b 的奇偶性, 考察两种情况.

(i) $2|a$, $2\nmid b$. 此时,

$$a^2\equiv 0 \pmod 4, \quad b^2\equiv 1 \pmod 4,$$

因此, 由式 (5.2.12),

$$y_0^2=a^2-b^2\equiv -1 \pmod 4,$$

这与 $2\nmid y_0$, $y_0^2\equiv 1 \pmod 4$ 矛盾. 所以这个情况不能发生.

(ii) $2\nmid a$, $2|b$. 此时, 由式 (5.2.11) 及式 (5.2.12), 有

$$x_0^2=2ab, \quad (a,2b)=1, \quad a>b>0. \tag{5.2.13}$$

利用引理 5.2.1 可知, 存在正整数 u, v_1, 使得

$$x_0=uv_1, \quad a=u^2, \quad 2b=v_1^2, \quad (u,v_1)=1, \quad u>0, \quad v_1>0.$$

由 $2b = v_1^2$ 推出

$$2|v_1^2, \quad 2|v_1, \quad v_1 = 2v,$$

因此, 存在整数 u, v, 使得

$$a = u^2, \quad b = 2v^2, \quad (u,v) = 1, \quad u > 0, \quad v > 0. \tag{5.2.14}$$

代入式 (5.2.12), 得到

$$y_0^2 = u^4 - 4v^4, \quad y_0^2 + 4v^4 = u^4, \tag{5.2.15}$$

其中 $(u, v) = 1$, 从而 $(y_0, v) = 1$. 利用定理 5.2.2, 可知存在正整数 s, t, $(s, t) = 1$, s 与 t 有不同的奇偶性, 使得

$$y_0 = s^2 - t^2, \quad 2v^2 = 2st, \quad u^2 = s^2 + t^2,$$

$$y_0 = s^2 - t^2, \quad v^2 = st, \quad u^2 = s^2 + t^2, \tag{5.2.16}$$

由 $(s, t) = 1$, 式 (5.2.16) 中的第二个等式, 以及引理 5.2.1, 可知存在正整数 m, n, $(m, n) = 1$, 使得

$$v = mn, \quad s = m^2, \quad t = n^2.$$

由此及式 (5.2.16) 中第三个等式, 得到

$$m^4 + n^4 = u^2, \tag{5.2.17}$$

即 (m, n, u) 也满足方程 (5.2.10).

另一方面, 由式 (5.2.12) 及式 (5.2.14), 有

$$z_0 = a^2 + b^2 = u^4 + 4v^4 > u,$$

这样, (m, n, u) 的存在与 z_0 的最小性矛盾. 这就证明了本例的结论.

由上面的例子, 很容易证明下面的定理.

定理 5.2.3　方程 $x^4 + y^4 = z^4$ 没有满足 $xyz \neq 0$ 的整数解.

例 5.2.2　证明方程

$$x^2 + y^2 = x^2y^2 \tag{5.2.18}$$

没有满足 $xy \neq 0$ 的整数解.

解　用反证法. 设方程 (5.2.18) 有满足 $xy \neq 0$ 的整数解 (x, y). 不妨设 $x > 0$, $y > 0$.

显然 $2|x$, $2|y$. 因此, 由式 (5.2.18), 有

$$\left(\frac{x}{2}\right)^2 + \left(\frac{y}{2}\right)^2 = 4\left(\frac{x}{2}\right)^2\left(\frac{y}{2}\right)^2, \quad \frac{x}{2}, \frac{y}{2} \in \mathbf{N}, \tag{5.2.19}$$

在上式中, $\frac{x}{2}$ 与 $\frac{y}{2}$ 必都是偶数. 否则, 它们就都是奇数. 此时, 由于任何奇数的平方被 8 除的余数是 1, 我们有

$$\left(\frac{x}{2}\right)^2+\left(\frac{y}{2}\right)^2\equiv 2(\mathrm{mod} 8),\quad 4\left(\frac{x}{2}\right)^2\left(\frac{y}{2}\right)^2\equiv 4(\mathrm{mod} 8),$$

这与式 (5.2.19) 矛盾. 因此, $2|\frac{x}{2}, 2|\frac{y}{2}$. 由式 (5.2.19), 又有

$$\left(\frac{x}{2^2}\right)^2+\left(\frac{y}{2^2}\right)^2=4^2\left(\frac{x}{2^2}\right)^2\left(\frac{y}{2^2}\right)^2,\quad \frac{x}{2^2},\frac{y}{2^2}\in\mathbf{N},$$

重复上面的讨论与分析, 我们见到, 对于任意的正整数 k, 有

$$\left(\frac{x}{2^k}\right)^2+\left(\frac{y}{2^k}\right)^2=4^k\left(\frac{x}{2^k}\right)^2\left(\frac{y}{2^k}\right)^2,\quad \frac{x}{2^k},\frac{y}{2^k}\in\mathbf{N}.$$

但是, 由于 x, y 是固定的正整数, 当 k 充分大时, $\frac{x}{2^k}$ 与 $\frac{y}{2^k}$ 不可能是正整数. 这个矛盾说明方程 (5.2.18) 不能有满足 $xy\neq 0$ 的整数解.

习 题 5.2

1. 证明推论 5.2.1.
2. 设 x, y, z 是勾股数, x 是素数, 证明: $2z-1$, $2(x+y+1)$ 都是平方数.
3. 求整数 $x, y, z, x>y>z$, 使 $x-y, x-z, y-z$ 都是平方数.
4. 解不定方程: $x^2+3y^2=z^2, x>0, y>0, z>0, (x,y)=1$.
5. 证明下面的不定方程没有满足 $xyz\neq 0$ 的整数解.
   (i) $x^2+y^2+z^2=x^2y^2$;
   (ii) $x^2+y^2+z^2=2xyz$.
6. 求方程 $x^2+y^2=z^4$ 的满足 $(x,y)=1, 2|x$ 的正整数解.

第6章　同 余 方 程

6.1　同余方程的基本概念

在本章中, 总假定 m 是正整数.

定义 6.1.1　设 $f(x) = a_n x^n + \cdots + a_1 x + a_0$ 是整系数多项式, $a_n \not\equiv 0 (\bmod\ m)$, 称

$$f(x) \equiv 0 (\bmod\ m) \tag{6.1.1}$$

是关于未知数 x 的模 m 的 n 次同余方程, 简称为模 m 的 n 次同余方程.

定义 6.1.2　设 x_0 是整数, 当 $x = x_0$ 时式 (6.1.1) 成立, 则称 x_0 是同余方程 (6.1.1) 的解. 凡对于模 m 同余的解, 被视为同一个解. 同余方程 (6.1.1) 的解数是指它的关于模 m 互不同余的所有解的个数, 也即在模 m 的一个完全剩余系中的解的个数.

由定义 6.1.2, 同余方程 (6.1.1) 的解数不超过 m.

根据同余方程的定义, 容易得到如下结论:

定理 6.1.1

(i) 设 $b(x)$ 是整系数多项式, 则同余方程 (6.1.1) 与

$$f(x) + b(x) \equiv b(x)\ (\bmod\ m)$$

等价;

(ii) 设 b 是整数, $(b, m) = 1$, 则同余方程 (6.1.1) 与

$$bf(x) \equiv 0\ (\bmod\ m)$$

等价;

(iii) 设 m 是素数, $f(x) = g(x)h(x)$, $g(x)$ 与 $h(x)$ 都是整系数多项式, 又设 x_0 是同余方程 (6.1.1) 的解, 则 x_0 必是同余方程

$$g(x) \equiv 0\ (\bmod\ m) \quad \text{或} \quad h(x) \equiv 0\ (\bmod\ m)$$

的解. □

下面, 我们来研究一次同余方程的解.

设 a, b 是整数, $a \not\equiv 0 (\bmod\ m)$, 则同余方程

$$ax \equiv b (\bmod\ m) \tag{6.1.2}$$

等价于不定方程

$$ax + my = b, \tag{6.1.3}$$

因此, 同余方程 (6.1.2) 有解的充要条件是 $(a, m)|b$.

如果同余方程 (6.1.2) 有解 x_0, 则存在 y_0, 使得 x_0 与 y_0 是方程 (6.1.3) 的解, 此时, 方程 (6.1.3) 的全部解是

$$\begin{cases} x = x_0 + \dfrac{m}{(a, m)}t, \\ y = y_0 - \dfrac{a}{(a, m)}t, \end{cases} \quad t \in \mathbf{Z}. \tag{6.1.4}$$

显然, 由式 (6.1.4) 所确定的 x 也都满足方程 (6.1.2).

记 $d = (a, m)$, 以及

$$t = dq + r, \quad q \in \mathbf{Z}, \quad r = 0, 1, 2, \cdots, d-1,$$

则

$$x = x_0 + qm + \frac{m}{d}r \equiv x_0 + \frac{m}{d}r \pmod m, \quad 0 \leqslant r \leqslant d-1.$$

容易验证, 当 $r = 0, 1, 2, \cdots, d-1$ 时, 相应的 d 个解

$$x_0, x_0 + \frac{m}{d}, x_0 + \frac{2m}{d}, \cdots, x_0 + \frac{(d-1)m}{d}$$

对于模 m 是两两不同余的, 所以同余方程 (6.1.2) 恰有 d 个解. 即有如下结论.

定理 6.1.2 设 a, b 是整数, $a \not\equiv 0 \pmod m$, 则同余方程

$$ax \equiv b \pmod m$$

有解的充要条件是 $(a, m)|b$. 若有解, 则恰有 $d = (a, m)$ 个解. □

在导出定理 6.1.2 的过程中, 同时给出了解方程 (6.1.2) 的方法, 但是, 对于具体的方程 (6.1.2), 常常可采用不同的方法去解.

例 6.1.1 设 $(a, m) = 1$, 又设存在整数 y, 使得 $a|b + ym$, 则

$$x \equiv \frac{b + ym}{a} \pmod m$$

是方程 (6.1.2) 的解.

解 直接验算, 有

$$ax \equiv b + ym \equiv b \pmod m.$$

注 1 例 6.1.1 说明, 求方程 (6.1.2) 的解可以转化为求方程

$$my \equiv -b \pmod a \tag{6.1.5}$$

的解, 这有两个便利之处: 第一, 将一个对于大模 m 的同余方程转化为一个对于小模 a 的同余方程, 因此有可能通过对模 a 的完全剩余系进行逐个验证, 以求出方程 (6.1.5) 和 (6.1.2) 的解; 第二, 设 $m \equiv r(\bmod a), r < a$, 则又可继续转化成一个对于更小的模 r 的同余方程.

例 6.1.2　解同余方程

$$325x \equiv 20(\bmod 161). \tag{6.1.6}$$

解　同余方程 (6.1.6) 即是

$$3x \equiv 20(\bmod 161).$$

解同余方程

$$\begin{aligned} 161y &\equiv -20(\bmod 3), \\ 2y &\equiv 1(\bmod 3), \end{aligned}$$

得到 $y \equiv 2(\bmod 3)$, 因此方程 (6.1.6) 的解是

$$x \equiv \frac{20 + 2 \cdot 161}{3} = 114(\bmod 161).$$

例 6.1.3　设 $a > 0$, 且 $(a, m) = 1, a_1$ 是 m 对模 a 的最小非负剩余, 则同余方程

$$a_1 x \equiv -b\left[\frac{m}{a}\right](\bmod m) \tag{6.1.7}$$

等价于同余方程 (6.1.2).

解　设 x 是 (6.1.2) 的解, 则由 $m = a\left[\frac{m}{a}\right] + a_1$ 得到

$$a_1 x = \left(m - a\left[\frac{m}{a}\right]\right) x \equiv -ax\left[\frac{m}{a}\right] \equiv -b\left[\frac{m}{a}\right](\bmod m),$$

即 x 是同余方程 (6.1.7) 的解. 但是由假设条件可知同余方程 (6.1.2) 与 (6.1.7) 都有且只有一个解. 所以这两个同余方程等价.

注 2　用本例的方法, 可以将同余方程 (6.1.2) 转化成未知数的系数更小一些的同余方程, 从而易于求解.

例 6.1.4　解同余方程 $6x \equiv 7(\bmod 23)$.

解　由例 6.1.3, 依次得到

$$\begin{aligned} 6x \equiv 7(\bmod 23) &\Leftrightarrow 5x \equiv -7 \cdot 3 \equiv 2(\bmod 23) \\ &\Leftrightarrow 3x \equiv -2 \cdot 4 \equiv -8(\bmod 23) \end{aligned}$$

$$\Leftrightarrow 2x \equiv -8(-7) \equiv 10 (\bmod 23)$$
$$\Leftrightarrow x \equiv 5 (\bmod 23).$$

例 6.1.5 设 $(a,m)=1$, 并且有整数 $\delta>0$ 使得

$$a^{\delta} \equiv 1 (\bmod m),$$

则同余方程 (6.1.2) 的解是

$$x \equiv ba^{\delta-1} (\bmod m).$$

解 直接验证即可.

注 3 由例 6.1.5 及 Euler 定理可知, 若 $(a,m)=1$, 则

$$x \equiv ba^{\varphi(m)-1} (\bmod m)$$

总是同余方程 (6.1.2) 的解.

例 6.1.6 解同余方程

$$81x^3+24x^2+5x+23 \equiv 0 (\bmod 7).$$

解 原同余方程即是

$$-3x^3+3x^2-2x+2 \equiv 0 (\bmod 7).$$

用 $x=0,\pm1,\pm2,\pm3$ 逐个代入验证, 得到它的解是

$$x_1 \equiv 1, x_2 \equiv 2, x_3 \equiv -2 (\bmod 7).$$

注 4 本例使用的是最基本的解同余方程的方法, 一般说来, 它的计算量太大, 不实用.

例 6.1.7 解同余方程组

$$\begin{cases} 3x+5y \equiv 1 (\bmod 7), \\ 2x-3y \equiv 2 (\bmod 7). \end{cases} \tag{6.1.8}$$

解 将 (6.1.8) 的前一式乘以 2, 后一式乘以 3, 再相减得到

$$19y \equiv -4 (\bmod 7),$$
$$5y \equiv -4 (\bmod 7),$$
$$y \equiv 2 (\bmod 7).$$

再代入 (6.1.8) 的前一式得到

$$3x + 10 \equiv 1 \pmod 7,$$
$$x \equiv 4 \pmod 7.$$

即同余方程组 (6.1.8) 的解是 $x \equiv 4, y \equiv 2 \pmod 7$.

例 6.1.8 设 a_1, a_2 是整数, m_1, m_2 是正整数, 证明: 同余方程组

$$\begin{cases} x \equiv a_1 \pmod{m_1}, \\ x \equiv a_2 \pmod{m_2} \end{cases} \tag{6.1.9}$$

有解的充要条件是

$$a_1 \equiv a_2 (\bmod\ (m_1, m_2)). \tag{6.1.10}$$

若有解, 则对模 $[m_1, m_2]$ 是唯一的, 即若 x_1 与 x_2 都是同余方程组 (6.1.9) 的解, 则

$$x_1 \equiv x_2 (\bmod\ [m_1, m_2]). \tag{6.1.11}$$

解 必要性是显然的. 下面证明充分性.

若式 (6.1.10) 成立, 由定理 6.1.2, 同余方程

$$m_2 y \equiv a_1 - a_2 \pmod{m_1}$$

有解 $y \equiv y_0 \pmod{m_1}$, 记 $x_0 = a_2 + m_2 y_0$, 则

$$x_0 \equiv a_2 \pmod{m_2},$$

并且

$$x_0 = a_2 + m_2 y_0 \equiv a_2 + a_1 - a_2 \equiv a_1 \pmod{m_1},$$

因此 x_0 是同余方程组的解.

若 x_1 与 x_2 都是方程组 (6.1.9) 的解, 则

$$x_1 \equiv x_2 \pmod{m_1}, \quad x_1 \equiv x_2 \pmod{m_2}.$$

由同余的基本性质, 得到式 (6.1.11).

习 题 6.1

1. 证明定理 6.1.1.
2. 解同余方程:

(i) $31x \equiv 5 \pmod{17}$;

(ii) $3215x \equiv 160 \pmod{235}$.

3. 解同余方程组:

$$\begin{cases} 3x+5y\equiv 38(\bmod\ 47),\\ x-y\equiv 10(\bmod\ 47).\end{cases}$$

4. 设 p 是素数, $0<a<p$, 证明:

$$x\equiv b(-1)^{a-1}\frac{(p-1)(p-2)\cdots(p-a+1)}{a!}(\bmod\ p)$$

是同余方程 $ax\equiv b(\bmod\ p)$ 的解.

5. 证明: 同余方程 $a_1x_1+a_2x_2+\cdots+a_nx_n\equiv b(\bmod\ m)$ 有解的充要条件是

$$(a_1,a_2,\cdots,a_n,m)=d|b.$$

若有解, 则恰有 $d\cdot m^{n-1}$ 个解, mod m.

6. 解同余方程: $2x+7y\equiv 5(\bmod\ 12)$.

6.2 孙 子 定 理

本节要讨论同余方程组

$$\begin{cases} x\equiv a_1(\bmod\ m_1),\\ x\equiv a_2(\bmod\ m_2),\\ \quad\cdots\cdots\\ x\equiv a_k(\bmod\ m_k).\end{cases} \tag{6.2.1}$$

在例 6.1.8 中, 我们已讨论了 $k=2$ 的情形. 下面考察一般情形.

设 $m_1,m_2,\cdots,m_k$ 是正整数,

$$(m_i,m_j)=1,\quad 1\leqslant i,j\leqslant k,\quad i\neq j. \tag{6.2.2}$$

记

$$m=m_1m_2\cdots m_k,\quad M_i=\frac{m}{m_i},\quad 1\leqslant i\leqslant k,$$

则有 $(M_i,m_i)=1$, 因此利用辗转相除法可以求出 M_i' 与 y_i, 使得

$$M_iM_i'+y_im_i=1,$$

显然上式中的 M_i' 满足

$$M_iM_i'\equiv 1(\bmod\ m_i), \tag{6.2.3}$$

$$M_iM_i'\equiv 0(\bmod\ m_j),\quad 1\leqslant j\leqslant k, i\neq j. \tag{6.2.4}$$

由式 (6.2.3) 与式 (6.2.4) 得到

$$a_iM_iM_i' \equiv= \begin{cases} a_i(\text{mod } m_i), \\ 0(\text{mod } m_j), \quad 1 \leqslant j \leqslant k, j \neq i \end{cases}$$

因此

$$x_0 \equiv \sum_{i=1}^{k} a_iM_iM_i'(\text{mod } m) \tag{6.2.5}$$

是方程组 (6.2.1) 的解.

若 x 也使式 (6.2.1) 成立, 则

$$x \equiv x_0(\text{mod } m_i), \quad 1 \leqslant i \leqslant k,$$

于是

$$x \equiv x_0(\text{mod } [m_1, m_2, \cdots, m_k]). \tag{6.2.6}$$

但是, 由式 (6.2.2) 可知 $[m_1, m_2, \cdots, m_k] = m$. 这说明对于模 m, 解 (6.2.5) 是唯一的. 这样, 我们就得到了下面的孙子定理 (又称中国剩余定理).

定理 6.2.1(孙子定理)　设 $m_1, m_2, \cdots, m_k$ 是正整数, $(m_i, m_j) = 1, 1 \leqslant i, j \leqslant k, i \neq j$. 记 $m = m_1m_2\cdots m_k, M_i = \dfrac{m}{m_i}, 1 \leqslant i \leqslant k$, 则存在整数 $M_i'(1 \leqslant i \leqslant k)$, 使得

$$M_iM_i' \equiv 1(\text{mod } m_i), \quad M_iM_i' \equiv 0(\text{mod } m_i), \quad 1 \leqslant j \leqslant k, i \neq j,$$

并且 $x_0 \equiv \sum\limits_{i=1}^{k} a_iM_iM_i'(\text{mod } m)$是同余方程组 (6.2.3) 对模 m 的唯一解, 即若有 x 使方程组 (6.2.1) 成立, 则 $x \equiv x_0(\text{mod } m)$. □

注 1　在定理 6.2.1 的条件下, 若式 (6.2.1) 中的 $a_1, a_2, \cdots, a_k$ 分别通过模 $m_1, m_2, \cdots, m_k$ 的完全剩余系, 则式 (6.2.5) 中的 x_0 通过模 $m_1m_2\cdots m_k$ 的完全剩余系.

定理 6.2.2　同余方程组 (6.2.1) 有解的充要条件是

$$a_i \equiv a_j(\text{mod } (m_i, m_j)), \quad 1 \leqslant i, j \leqslant n. \tag{6.2.7}$$

证明　必要性是显然的. 下面证明充分性.

当 $n = 2$ 时, 由例 6.1.8 可知充分性成立.

假设充分性当 $n = k$ 时成立.

假设式 (6.2.7) 当 $n = k + 1$ 时成立. 我们来考虑同余方程组

$$x \equiv a_i(\text{mod } m_i), \quad 1 \leqslant i \leqslant k + 1.$$

由例 6.1.8, 存在 b_k, 使得 $x \equiv b_k(\text{mod }[m_k, m_{k+1}])$ 满足同余方程组

$$x \equiv a_k(\text{mod } m_k), \quad x \equiv a_{k+1}(\text{mod } m_{k+1}).$$

在同余方程组

$$\begin{cases} x \equiv a_1(\text{mod } m_1), \\ \quad \cdots\cdots \\ x \equiv a_{k-1}(\text{mod } m_{k-1}), \\ x \equiv b_k(\text{mod }[m_k, m_{k+1}]) \end{cases}$$

中, 由式 (6.2.7) 有

$$a_i \equiv a_j(\text{mod }(m_i, m_j)), \quad 1 \leqslant i, j \leqslant k-1,$$

因此, 若能证明

$$a_i \equiv b_k(\text{mod }(m_i, [m_k, m_{k+1}])), \quad 1 \leqslant i \leqslant k-1, \tag{6.2.8}$$

则由归纳假设就可以证明充分性.

由 b_k 的定义, 有

$$a_k \equiv b_k(\text{mod } m_k), \quad a_{k+1} \equiv b_k(\text{mod } m_{k+1}). \tag{6.2.9}$$

而且, 由于假设式 (6.2.7) 当 $n = k+1$ 时成立, 所以, 对于 $1 \leqslant i \leqslant k-1$ 有

$$a_i \equiv a_k(\text{mod }(m_i, m_k)), \quad a_i \equiv a_{k+1}(\text{mod }(m_i, m_{k+1})),$$

由此及式 (6.2.9) 得到, 对于 $1 \leqslant i \leqslant k-1$, 有

$$a_i \equiv b_k(\text{mod }(m_i, m_k)), \quad a_i \equiv b_k(\text{mod }(m_i, m_{k+1})).$$

因此

$$a_i \equiv b_k(\text{mod }[(m_i, m_k), (m_i, m_{k+1})]),$$

由此及例 1.5.2, 就得到式 (6.2.8). □

设 $m = m_1 m_2 \cdots m_k$, 其中 $m_1, m_2, \cdots, m_k$ 是两两互素的正整数, $f(x)$ 是整系数多项式, 用 T 与 $T_i(1 \leqslant i \leqslant k)$ 分别表示同余方程

$$f(x) \equiv 0(\text{mod } m) \tag{6.2.10}$$

与

$$f(x) \equiv 0(\text{mod } m_i) \tag{6.2.11}$$

的解的个数. 则由定理 2.1.5 可知, 同余方程 (6.2.10) 等价于同余方程组

$$\begin{cases} f(x) \equiv 0 \pmod{m_1}, \\ f(x) \equiv 0 \pmod{m_2}, \\ \quad \cdots\cdots \\ f(x) \equiv 0 \pmod{m_k}. \end{cases} \tag{6.2.12}$$

对于每 $i(1 \leqslant i \leqslant k)$, 设同余方程 (6.2.11) 的全部解是

$$x \equiv x_1^{(i)}, x_2^{(i)}, \cdots, x_{T_i}^{(i)} \pmod{m_i}, \tag{6.2.13}$$

则同余方程组 (6.2.12) 等价于下面的 $T_1T_2\cdots T_k$ 个方程组:

$$\begin{cases} x \equiv x_{j_1}^{(1)} \pmod{m_1}, \\ x \equiv x_{j_2}^{(2)} \pmod{m_2}, \\ \quad \cdots\cdots \\ x \equiv x_{j_k}^{(k)} \pmod{m_k}, \end{cases} \tag{6.2.14}$$

其中 $x_{j_i}^{(i)}$ 通过式 (6.2.13) 中的数值, 即通过同余方程 (6.2.11) 的全部解.

由定理 6.2.1, 对于选定的每一组$\{x_{j_1}^{(1)}, x_{j_2}^{(2)}, \cdots, x_{j_k}^{(k)}\}$, 同余方程组 (6.2.14) 对模 m 有唯一解, 而且, 由定理 6.2.2, 当每个 $x_{j_i}^{(i)}$ 通过 (6.2.13) 式中的值时, 所得到的 $T_1T_2\cdots T_k$ 个同余方程组 (6.2.14) 的解对于模 m 都是两两不同余的. 于是有如下结论.

定理 6.2.3　设 $m = m_1m_2\cdots m_k$, 其中 $m_1, m_2, \cdots, m_k$ 是两两互素的正整数, $f(x)$ 是整系数多项式, 以 T 与 $T_i(1 \leqslant i \leqslant k)$ 分别表示同余方程

$$f(x) \equiv 0 \pmod{m} \tag{6.2.10}$$

与

$$f(x) \equiv 0 \pmod{m_i} \tag{6.2.11}$$

的解的个数, 则 $T = T_1T_2\ldots T_k$. □

注 2　由定理 6.2.3 及算术基本定理, 解一般模的同余方程可以转化为解模为素数幂的同余方程.

例 6.2.1　求整数 n, 它被 3, 5, 7 除的余数分别是 1, 2, 3.

解　n 是同余方程组

$$n \equiv 1 \pmod{3}, \quad n \equiv 2 \pmod{5}, \quad n \equiv 3 \pmod{7}$$

的解. 在定理 6.2.1 中, 取

$$m_1 = 3, \quad m_2 = 5, \quad m_3 = 7, \quad m = 3 \cdot 5 \cdot 7 = 105,$$

$$M_1 = 35, \quad M_2 = 21, \quad M_3 = 15,$$

$$M_1' = -1, \quad M_2' = 1, \quad M_3' = 1,$$

得到

$$n \equiv 1 \cdot 35 \cdot (-1) + 2 \cdot 21 \cdot 1 + 3 \cdot 15 \cdot 1 \equiv 52 \pmod{105},$$

因此所求的整数 $n = 52 + 105t,\ t \in \mathbf{Z}$.

例 6.2.2 解同余方程

$$5x^2 + 6x + 49 \equiv 0 \pmod{60}. \tag{6.2.15}$$

解 因为 $60 = 3 \cdot 4 \cdot 5$, 所以, 同余方程 (6.2.15) 等价于同余方程组

$$5x^2 + 6x + 49 \equiv 0 \pmod 3, \tag{6.2.16}$$

$$5x^2 + 6x + 49 \equiv 0 \pmod 4, \tag{6.2.17}$$

$$5x^2 + 6x + 49 \equiv 0 \pmod 5. \tag{6.2.18}$$

分别解同余方程 (6.2.16)~(6.2.18) 得到解

$$x_1^{(1)} \equiv 1, \quad x_2^{(1)} \equiv -1 \pmod 3,$$
$$x_1^{(2)} \equiv 1, \quad x_2^{(2)} \equiv -1 \pmod 4,$$
$$x_1^{(3)} \equiv 1 \pmod 5,$$

这样, 同余方程 (6.2.15) 的解 x 可由下面的方程组决定:

$$x \equiv a_1 \pmod 3, \quad x \equiv a_2 \pmod 4, \quad x \equiv a_3 \pmod 5,$$

其中 $a_1 = 1$ 或 -1, $a_2 = 1$ 或 $-1, a_3 = 1$. 在定理 6.2.1 中, 取

$$m_1 = 3, \quad m_2 = 4, \quad m_3 = 5, \quad m = 60,$$

$$M_1 = 20, \quad M_2 = 15, \quad M_3 = 12,$$

$$M_1' = 2, \quad M_2' = -1, \quad M_3' = 3,$$

则

$$x \equiv 40a_1 - 15a_2 + 36a_3 \pmod{60}.$$

将 a_1, a_2, a_3 所有可能的取值代入上式, 得到方程 (6.2.15) 的全部解是

$$
\begin{aligned}
x_1 &\equiv 40\cdot 1 - 15\cdot 1 + 36\cdot 1 \equiv 1(\text{mod } 60),\\
x_2 &\equiv 40\cdot(-1) - 15\cdot 1 + 36\cdot 1 \equiv -19(\text{mod } 60),\\
x_3 &\equiv 40\cdot 1 - 15\cdot(-1) + 36\cdot 1 \equiv 31(\text{mod } 60),\\
x_4 &\equiv 40\cdot(-1) - 15\cdot(-1) + 36\cdot 1 \equiv 11(\text{mod } 60).
\end{aligned}
$$

习　题　6.2

1. 解同余方程组: $\begin{cases} x \equiv b_1(\text{mod } 5), \\ x \equiv b_2(\text{mod } 6), \\ x \equiv b_3(\text{mod } 7), \\ x \equiv b_4(\text{mod } 11). \end{cases}$

2. 解同余方程组: $\begin{cases} x \equiv 8(\text{mod } 15), \\ x \equiv 5(\text{mod } 8), \\ x \equiv 13(\text{mod } 25). \end{cases}$

3. 有一队士兵, 若三人一组, 则余 1 人; 若五人一组, 则缺 2 人; 若十一人一组, 则余 3 人. 已知这队士兵不超过 170 人, 问这队士兵有几人?

4. 求一个最小的自然数 n, 使得它的 $\frac{1}{2}$ 是一个平方数, 它的 $\frac{1}{3}$ 是一个立方数, 它的 $\frac{1}{5}$ 是一个 5 次方数.

5. 证明: 对于任意给定的 n 个不同的素数 $p_1, p_2, \cdots, p_n$, 必存在连续 n 个整数, 使得它们中的第 k 个数能被 p_k 整除.

6. 解同余方程: $3x^2 + 11x - 20 \equiv 0(\text{mod } 105)$.

6.3　模 p^α 的同余方程

在 6.2 节中我们已经看到, 求解模 m 的同余方程可以转化为对模 p^α 的同余方程的求解. 本节要对模 p^α 的同余方程进行讨论.

容易看出, 若 x_0 是同余方程

$$f(x) \equiv 0(\text{mod } p^\alpha) \tag{6.3.1}$$

的解, 则它必是方程

$$f(x) \equiv 0(\text{mod } p^{\alpha-1}) \tag{6.3.2}$$

的解, 因此, 必有与 x_0 对应的方程 (6.3.2) 的某个解 x_1, 使

$$x_0 \equiv x_1(\text{mod } p^{\alpha-1}), \quad x_0 = x_1 + p^{\alpha-1}t_0,$$

此处, t_0 是某个适当的整数.

这提示我们: 可以从方程 (6.3.2) 的解中去求方程 (6.3.1) 的解.

设 p 是素数, $\alpha \geqslant 2$ 是整数, $f(x)=a_nx^n+\cdots+a_1x+a_0$ 是整系数多项式, 又设 x_1 是同余方程 (6.3.2) 的一个解. 以 $f'(x)$ 表示 $f(x)$ 的导函数.

将 $x=x_1+p^{\alpha-1}t$ 代入同余方程 (6.3.1), 得到

$$a_n(x_1+p^{\alpha-1}t)^n+a_{n-1}(x_1+p^{\alpha-1}t)^{n-1}+\cdots+a_1(x_1+p^{\alpha-1}t)+a_0\equiv 0(\bmod p^\alpha), \quad (6.3.3)$$

$$f(x_1)+p^{\alpha-1}tf'(x_1)\equiv 0(\bmod p^\alpha),$$

$$tf'(x_1)\equiv -\frac{f(x_1)}{p^{\alpha-1}}(\bmod p). \quad (6.3.4)$$

下面考虑三种可能的情形.

(i) 若 $f'(x)\not\equiv 0(\bmod p)$, 则关于 t 的同余方程 (6.3.4) 有唯一解 $t\equiv t_0(\bmod p)$, 即 $t=t_0+pk(k\in\mathbf{Z})$, 于是

$$x\equiv x_1+p^{\alpha-1}t_0(\bmod p^\alpha)$$

是同余方程 (6.3.1) 的解.

(ii) 若 $f'(x_1)\equiv 0(\bmod p)$, 并且 $f(x_1)\equiv 0(\bmod p^\alpha)$, 则式 (6.3.4) 对于任意的整数 t 成立, 即同余方程 (6.3.4) 有 p 个解

$$t\equiv i(\bmod p), \quad 0\leqslant i\leqslant p-1.$$

于是 $x\equiv x_1+p^{\alpha-1}i(\bmod p^\alpha), 0\leqslant i\leqslant p-1$, 都是同余方程 (6.3.1) 的解.

(iii) 若 $f'(x_1)\equiv 0(\bmod p)$, 并且 $f(x_1)\not\equiv 0(\bmod p^\alpha)$, 此时, 同余方程 (6.3.4) 无解.

根据以上的分析, 我们得到了如下结论.

定理 6.3.1 设 p 是素数, $\alpha\geqslant 2$ 是整数, $f(x)=a_nx^n+\cdots+a_1x+a_0$ 是整系数多项式, 又设 x_1 是同余方程 (6.3.2) 的一个解. 以 $f'(x)$ 表示 $f(x)$ 的导函数.

(i) 若 $f'(x_1)\not\equiv 0(\bmod p)$, 则存在整数 t, 使得

$$x=x_1+p^{\alpha-1}t \quad (6.3.5)$$

是同余方程 (6.3.1) 的解.

(ii) 若 $f'(x_1)\equiv 0(\bmod p)$, 并且 $f(x_1)\equiv 0(\bmod p^\alpha)$, 则对于 $t=0,1,2,\cdots,p-1$, 式 (6.3.5) 中的 x 都是方程 (6.3.1) 的解. □

注 1 定理 6.3.1 把解同余方程 (6.3.1) 转化为解同余方程

$$f(x)\equiv 0(\bmod p). \quad (6.3.6)$$

事实上, 由方程 (6.3.6) 的解, 利用定理 6.3.1, 可以求出方程 $f(x) \equiv 0 (\bmod p^2)$ 的解, 再利用定理 6.3.1, 又可以求出方程 $f(x) \equiv 0 (\bmod p^3)$ 的解, ……, 直到求出方程 (6.3.1) 的解.

推论 6.3.1 使用定理 6.3.1 的记号.

(i) 若 $x \equiv a (\bmod p)$ 是同余方程 (6.3.6) 的解, 并且 $f'(a) \not\equiv 0 (\bmod p)$, 则存在 $x_\alpha, x_\alpha \equiv a (\bmod p)$, 使得 $x \equiv x_\alpha (\bmod p^\alpha)$ 是同余方程 (6.3.1) 的解.

(ii) 若 $f'(x) \equiv 0 (\bmod p)$ 与同余方程 (6.3.6) 没有公共解, 则对于任意的整数 $\alpha \geqslant 1$, 同余方程 (6.3.1) 与 (6.3.6) 的解数相同. □

例 6.3.1 解同余方程

$$x^3 + 3x - 14 \equiv 0 (\bmod 45).$$

解 原同余方程等价于同余方程组

$$x^3 + 3x - 14 \equiv 0 (\bmod 9), \tag{6.3.7}$$

$$x^3 + 3x - 14 \equiv 0 (\bmod 5). \tag{6.3.8}$$

先解同余方程 (6.3.7). 容易验证, 同余方程 $x^3 + 3x - 14 \equiv 0 (\bmod 3)$ 的解是

$$x \equiv 2 (\bmod 3).$$

令 $x = 2 + 3t$ 并代入方程 (6.3.7), 得到

$$(2 + 3t)^3 + 3(2 + 3t) - 14 \equiv 0 (\bmod 9), \tag{6.3.9}$$

容易看出, 这是一个对于任何整数 t 都成立的同余式, 所以, 方程 (6.3.9) 的解是 $t \equiv 0, 1, 2 (\bmod 3)$, 于是方程 (6.3.7) 的解是

$$x \equiv 2, 5, 8 (\bmod 9). \tag{6.3.10}$$

再解同余方程 (6.3.8). 用 $x = 0, 1, 2, 3, 4$ 去验证, 得到 (6.3.8) 的解是

$$x \equiv 1, 2 (\bmod 5).$$

因此, 原同余方程的解是下面六个同余方程组的解:

$$x \equiv a_1 (\bmod 9), \quad a_1 = 2, 5, 8,$$
$$x \equiv a_2 (\bmod 5), \quad a_2 = 1, 2.$$

记

$$m_1 = 9, m_2 = 5, m = 45, M_1 = 5, M_2 = 9, M_1' = 2, M_2' = -1,$$

则由孙子定理得到

$$x \equiv 10a_1 - 9a_2 \pmod{45}.$$

将 a_1 和 a_2 的不同取值代入, 得到所求的解是

$$\begin{aligned}
x_1 &\equiv 10 \cdot 2 - 9 \cdot 1 \equiv 11 \pmod{45},\\
x_2 &\equiv 10 \cdot 2 - 9 \cdot 2 \equiv 2 \pmod{45},\\
x_3 &\equiv 10 \cdot 5 - 9 \cdot 1 \equiv 41 \pmod{45},\\
x_4 &\equiv 10 \cdot 5 - 9 \cdot 2 \equiv 32 \pmod{45},\\
x_5 &\equiv 10 \cdot 8 - 9 \cdot 1 \equiv 26 \pmod{45},\\
x_6 &\equiv 10 \cdot 8 - 9 \cdot 2 \equiv 17 \pmod{45}.
\end{aligned}$$

例 6.3.2 解同余方程

$$2x^2 + 13x - 34 \equiv 0 \pmod{5^3}. \tag{6.3.11}$$

解 容易验证, 同余方程

$$2x^2 + 13x - 34 \equiv 0 \pmod{5} \tag{6.3.12}$$

有两个解 $x \equiv -1, 2 \pmod{5}$.

(i) 令

$$x = -1 + 5t, \tag{6.3.13}$$

代入同余方程

$$2x^2 + 13 - 34 \equiv 0 \pmod{5^2}, \tag{6.3.14}$$

得到

$$2(-1+5t)^2 + 13(-1+5t) - 34 \equiv 0 \pmod{25},$$

$$-45 + 45t \equiv 0 \pmod{25},$$

$$9t \equiv 9 \pmod{5}, \quad t \equiv 1 \pmod{5}. \tag{6.3.15}$$

于是, 将式 (6.3.15) 与式 (6.3.13) 联合, 得到方程 (6.3.14) 的解

$$x = -1 + 5(1 + 5t_1) = 4 + 25t_1, \quad t_1 \in \mathbf{Z}. \tag{6.3.16}$$

将式 (6.3.16) 中的 x 代入同余方程 (6.3.11), 得到

$$2(4+25t_1)^2 + 13(4+25t_1) - 34 \equiv 0 \pmod{5^3},$$

$$50+725t_1\equiv 0(\bmod 5^3),$$

$$2+29t_1\equiv 0(\bmod 5),$$

$$t_1\equiv 2(\bmod 5).$$

将上式与 (6.3.16) 联合, 得到同余方程 (6.3.11) 的一个解

$$x=4+25t_1=4+25(2+5t_2)\equiv 54(\bmod 5^3).$$

(ii) 从同余方程 (6.3.12) 的另一个解 $x\equiv 2(\bmod 5)$ 出发利用上述方法, 可以求出同余方程 (6.3.11) 的另一个解 (略, 请读者补足).

例 6.3.3　解同余方程

$$x^2\equiv 1(\bmod 2^k),\quad k\in\mathbf{N}. \tag{6.3.17}$$

解　若 $k=1$, 则方程 (6.3.17) 的解是 $x\equiv 1(\bmod 2)$.

若 $k=2$, 则方程 (6.3.17) 的解是 $x\equiv 1,-1(\bmod 4)$.

若 $k\geqslant 3$, 则同余方程 (6.3.17), 即

$$x^2-1=(x+1)(x-1)\equiv 0(\bmod 2^k)$$

的解必是奇数, 设 $x=2y+1$, 则同余方程 (6.3.1) 成为

$$(2y+2)2y\equiv 0(\bmod 2^k),$$

$$y(y+1)\equiv 0(\bmod 2^{k-2}). \tag{6.3.18}$$

同余方程 (6.3.18) 的解是 $y_1\equiv 0, y_2\equiv -1(\bmod 2^{k-2})$, 即

$$y_1=2^{k-2}u,\quad y_2=-1+2^{k-2}v,\quad u,v\in\mathbf{Z},$$

所以, 方程 (6.3.17) 的解是

$$x_1=2^{k-1}u+1,\quad x_2=2^{k-1}v-1,\quad u,v\in\mathbf{Z},$$

即

$$x\equiv 1,1+2^{k-1},-1,-1+2^{k-1}(\bmod 2^k).$$

例 6.3.4　解同余方程 $x^2\equiv 2(\bmod 7^3)$.

解　设 x 是这个同余方程的解, 则它可以表示成

$$x=x_0+7x_1+7^2x_2,\quad 0\leqslant x_i\leqslant 6,\quad 0\leqslant i\leqslant 2,$$

代入原方程, 得到

$$(x_0 + 7x_1 + 7^2x_2)^2 \equiv 2 \pmod{7^3}, \tag{6.3.19}$$

因此

$$(x_0 + 7x_1 + 7^2x_2)^2 \equiv 2 \pmod 7,$$
$$x_0^2 \equiv 2 \pmod 7,$$

所以 $x_0 \equiv 3$ 或 $4 \pmod 7$, 于是 $x_0 = 3$ 或 4.

(i) 若 $x_0 = 3$, 由式 (6.3.19), 得到

$$(3 + 7x_1 + 7^2x_2)^2 \equiv 2 \pmod{7^2},$$

$$9 + 42x_1 \equiv 2 \pmod{7^2},$$

$$6x_1 \equiv -1 \pmod 7,$$

$$x_1 \equiv 1 \pmod 7, \quad x_1 = 1.$$

再由式 (6.3.19), 得到

$$(3 + 7 \cdot 1 + 7^2x_2)^2 \equiv 2 \pmod{7^3},$$

$$(10 + 49x_2)^2 \equiv 2 \pmod{7^3},$$

$$3x_2 \equiv -1 \pmod 7, \quad x_2 \equiv 2 \pmod 7, \quad x_2 = 2.$$

这样, 求得原同余方程的一个解是

$$x \equiv 3 + 7 \cdot 1 + 7^2 \cdot 2 = 108 \pmod{7^3}.$$

(ii) 若 $x_0 = 4$, 用同样的方法求出另一个解 (略).

注 2 例 6.3.4 中的方法是利用数的 b 进制表示, 这一方法可以处理模 b^k 的同余方程, 而不必要求 b 是素数.

习 题 6.3

1. 证明推论 6.3.1.
2. 将例 6.3.2 中略去的部分补足.
3. 将例 6.3.4 中略去的部分补足.
4. 解同余方程 $x^2 \equiv -1 \pmod{54}$.
5. 解同余方程 $f(x) = 3x^2 + 4x - 15 \equiv 0 \pmod{75}$.
6. 证明: 对于任意给定的正整数 n, 必存在 m, 使得同余方程 $x^2 \equiv 1 \pmod m$ 的解数 $T > n$.

6.4 素数模的同余方程

在上节中, 我们证明了, 对于素数 p, 模 p^α 的同余方程的求解可以转化为模 p 的同余方程的求解. 本节要对素数模的同余方程作些初步研究.

以下, 设 p 是素数, $f(x) = a_nx^n + \cdots + a_1x + a_0$ 是整系数多项式, $p \nmid a_n$.

设 $k \leqslant n$, 若同余方程

$$f(x) = a_nx^n + \cdots + a_1x + a_0 \equiv 0 (\bmod\ p) \tag{6.4.1}$$

有 k 个不同的解 $x_1, x_1, \cdots, x_k$, 则由多项式除法, 有

$$f(x) = (x - x_1)f_1(x) + r_1, \tag{6.4.2}$$

其中 $f_1(x)$ 是首项系数为 a_n 的 $n-1$ 次整系数多项式, r_1 是常数. 在 (6.4.2) 式两边令 $x = x_1$, 则 $f(x_1) = r_1 \equiv 0(\bmod\ p)$, 因此, (6.4.2) 式成为

$$f(x) \equiv (x - x_1)f_1(x)(\bmod\ p). \tag{6.4.3}$$

如果 $k > 1$, 在上式中, 令 $x = x_i (i = 2, 3, \cdots, k)$, 则有

$$0 \equiv f(x_i) \equiv (x_i - x_1)f_1(x_i)(\bmod\ p). \tag{6.4.4}$$

由于 $x_2, \cdots, x_k$ 对于模 p 是两两不同余的, 所以, 上式给出

$$f_1(x_i) \equiv 0(\bmod\ p), \quad i = 2, \cdots, k. \tag{6.4.5}$$

由以上讨论及归纳法, 可得如下结论.

定理 6.4.1 设 $k \leqslant n$, 若同余方程

$$f(x) = a_nx^n + \cdots + a_1x + a_0 \equiv 0(\bmod\ p)$$

有 k 个不同的解 $x_1, x_1, \cdots, x_k$, 则对于任意的整数 x, 有

$$f(x) \equiv (x - x_1)(x - x_2)\cdots(x - x_k)f_k(x)(\bmod\ p),$$

其中 $f_k(x)$ 是一个次数为 $n-k$ 的整系数多项式, 并且它的 x^{n-k} 项的系数是 a_n.□

由 Fermat 定理我们知道, 数 $1, 2, \cdots, p-1$ 是同余方程

$$x^{p-1} \equiv 1(\bmod\ p)$$

的解, 因此, 由定理 6.4.1 得到如下推论.

推论 6.4.1 若 p 是素数, 则对于任何整数 x, 有

$$x^{p-1}-1\equiv(x-1)(x-2)\cdots(x-p+1)(\bmod p). \qquad \square$$

下面我们讨论同余方程 (6.4.1) 的解的个数.

假设 $p\nmid a_n$, 同余方程 (6.4.1) 有 $n+1$ 个不同的解

$$x\equiv x_i(\bmod p),\quad 1\leqslant i\leqslant n+1.$$

由定理 6.4.1, 有 $f(x)\equiv a_n(x-x_1)\cdots(x-x_n)(\bmod p)$, 因此

$$0\equiv f(x_{n+1})\equiv a_n(x_{n+1}-x_1)\cdots(x_{n+1}-x_n)(\bmod p). \tag{6.4.6}$$

由于 $p\nmid a_n, x_{n+1}\not\equiv x_i(\bmod p), 1\leqslant i\leqslant n$, 所以式 (6.4.6) 不能成立. 这个矛盾说明同余方程 (6.4.1) 不能有 $n+1$ 个解, 因此有如下结论.

定理 6.4.2 若 $p\nmid a_n$, 则同余方程 (6.4.1) 的解数 $\leqslant n$. □.

由定理 6.4.2 可知, 如果同余方程

$$b_nx^n+\cdots+b_0\equiv 0(\bmod p) \tag{6.4.7}$$

的解数大于 n, 则必是 $p|b_n$, 于是方程 (6.4.7) 等价于方程

$$b_{n-1}x^{n-1}+\cdots+b_0\equiv 0(\bmod p). \tag{6.4.8}$$

再利用定理 6.4.2 得到 $p|b_{n-1}$. 将这一过程不断延续下去, 就得到了下面的结论.

推论 6.4.2 若同余方程 $b_nx^n+\cdots+b_0\equiv 0(\bmod p)$ 的解数大于 n, 则 $p|b_i, 0\leqslant i\leqslant n$. □

对于同余方程 (6.4.1), 由多项式除法可知, 存在整系数多项式 $g(x)$ 与 $r(x)$, 使得

$$f(x)=g(x)(x^p-x)+r(x). \tag{6.4.9}$$

由 Fermat 定理, 对于任意的整数 x, 有 $x^p\equiv x(\bmod p)$, 因此, 如果 $r(x)$ 的系数全是 p 的倍数, 则对于任意的整数 $x, f(x)\equiv 0(\bmod p)$, 即同余方程 (6.4.1) 有 p 个解. 如果 $r(x)$ 的系数不全是 p 的倍数, 则 $r(x)$ 的次数不超过 $p-1$. 由式 (6.4.9) 看出, 对于任意的整数 $x, f(x)\equiv r(x)(\bmod p)$, 即同余方程 (6.4.1) 与 $r(x)\equiv 0(\bmod p)$ 等价. 因此, 有如下结论.

定理 6.4.3 同余方程 (6.4.1) 或者有 p 个解, 或者存在次数不超过 $p-1$ 的整系数多项式 $r(x)$, 使得同余方程 (6.4.1) 与 $r(x)\equiv 0(\bmod p)$ 等价. □

对于同余方程

$$f(x)=x^n+a_{n-1}x^{n-1}+\cdots+a_1x+a_0\equiv 0(\bmod p), \tag{6.4.10}$$

$n \leqslant p$, 我们知道它的解数 $\leqslant n$.

假设它的解数等于 n, 由多项式除法, 存在整系数多项式 $q(x)$ 与 $r_1(x), r_1(x)$ 的次数 $< n$, 使得

$$x^p - x = f(x)q(x) + r_1(x). \tag{6.4.11}$$

若同余方程 (6.4.10) 的 n 个解是 $x \equiv x_i (\bmod\ p)(1 \leqslant i \leqslant n)$, 则由式 (6.4.11) 和 Fermat 定理, 得到

$$r_1(x_i) \equiv 0 (\bmod\ p), \quad 1 \leqslant i \leqslant n.$$

由此及推论 6.4.2 可知 $r_1(x)$ 的系数都能被 p 整除, 即

$$r_1(x) = p \cdot r(x),$$

其中 $r(x)$ 是整系数多项式. 也即有

$$x^p - x = f(x)q(x) + p \cdot r(x). \tag{6.4.12}$$

另外, 若 (6.4.12) 式成立, 由 Fermat 定理, 对于任何整数 x, 有

$$0 \equiv x^p - x \equiv f(x)q(x) (\bmod\ p), \tag{6.4.13}$$

即同余方程

$$f(x)q(x) \equiv 0 (\bmod\ p)$$

有 p 个解, 但是, $q(x)$ 是 $p-n$ 次多项式, 所以由定理 6.4.2, 方程 $q(x) \equiv 0 (\bmod\ p)$ 的解数 $\leqslant p-n$. 以 λ 表示同余方程 (6.4.10) 的解数, 则由定理 1.1.1, 有

$$\lambda + p - n \geqslant p, \quad \lambda \geqslant n,$$

再利用定理 6.4.2, 得到 $\lambda = n$. 这样, 我们得到了如下结论.

定理 6.4.4　设 $n \leqslant p$, 则同余方程

$$f(x) = x^n + a_{n-1}x^{n-1} + \cdots + a_1 x + a_0 \equiv 0 (\bmod\ p)$$

有 n 个解的充要条件是存在整数多项式 $q(x)$ 和 $r(x)$, $r(x)$ 的次数 $< n$, 使得

$$x^p - x = f(x)q(x) + p \cdot r(x).$$

□

注 1　若 $p \nmid a_n$, 由辗转相除法可求出 $a_n', p \nmid a_n'$ 使得 $a_n a_n' \equiv 1 (\bmod\ p)$, 于是, 同余方程 (6.4.1) 与同余方程

$$a_n' f(x) = x^n + a_n' a_{n-1} x^{n-1} + \cdots + a_n' a_1 x + a_n' a_0 (\bmod\ p)$$

等价. 因此, 定理 6.4.4 是有普遍性的.

作为定理 6.4.4 的一个应用, 我们考虑一个特殊的同余方程, 即

$$x^n \equiv a(\text{mod } p) \tag{6.4.14}$$

有解的充要条件, 此处 $n|p-1, p\nmid a$.

若方程 (6.4.14) 有解 x_0, 则 $p \nmid x_0$, 由 Euler 定理得到

$$a^{\frac{p-1}{n}} \equiv (x_0^n)^{\frac{p-1}{n}} = x_0^{p-1} \equiv 1(\text{mod } p). \tag{6.4.15}$$

若式 (6.4.15) 成立, 则

$$\begin{aligned} x^p - x &= x((x^n)^{\frac{p-1}{n}} - a^{\frac{p-1}{n}} + a^{\frac{p-1}{n}} - 1) \\ &= (x^n - a)P(x) + x(a^{\frac{p-1}{n}} - 1), \end{aligned}$$

其中 $P(x)$ 是关于 x 的整系数多项式. 由定理 6.4.4 可知同余方程 (6.4.14) 有 n 个解. 这就证明了如下结论.

定理 6.4.5 若 $n|p-1, p\nmid a$, 则

$$x^n \equiv a(\text{mod } p)$$

有解的充要条件是

$$a^{\frac{p-1}{n}} \equiv 1(\text{mod } p).$$

若有解, 则解数为 n. □

例 6.4.1 判定同余方程 $2x^3+3x+1\equiv 0(\text{mod } 7)$ 是否有三个解.

解 因为 $2\cdot 4\equiv 1(\text{mod } 7)$, 所以, 原方程与

$$4\cdot 2x^3 + 4\cdot 3x + 4 \equiv 0(\text{mod } 7)$$

即

$$x^3 - 2x - 3 \equiv 0(\text{mod } 7)$$

等价. 由于

$$x^7 - x = (x^3-2x-3)(x^4+2x^2+3x+4) + 12x^2 + 16x + 12,$$

所以, 由定理 6.4.4 可知, 原方程的解数小于 3.

例 6.4.2 解同余方程

$$3x^{14} + 4x^{10} + 6x - 18 \equiv 0(\text{mod } 5).$$

解　由 Fermat 定理, $x^5 \equiv x \pmod 5$, 因此, 原同余方程等价于

$$2x^2 + x - 3 \equiv 0 \pmod 5. \tag{6.4.16}$$

将 $x \equiv 0, \pm 1, \pm 2 \pmod 5$ 分别代入方程 (6.4.16) 进行验证, 可知这个同余方程解是 $x \equiv 1 \pmod 5$.

习　题　6.4

1. 解同余方程:

(i) $3x^{11} + 2x^8 + 5x^4 - 1 \equiv 0 \pmod 7$;

(ii) $4x^{20} + 3x^{12} + 2x^7 + 3x - 2 \equiv 0 \pmod 5$.

2. 判定

(i) $2x^3 - x^2 + 3x - 1 \equiv 0 \pmod 5$ 是否有三个解;

(ii) $x^6 + 2x^5 - 4x^2 + 3 \equiv 0 \pmod 5$ 是否有六个解.

3. 设 $(a, m) = 1, k$ 与 m 是正整数, 又设 $x_0^k \equiv a \pmod m$, 证明同余方程

$$x^k \equiv a \pmod m$$

的一切解 x 都可以表示成 $x \equiv y x_0 \pmod m$, 其中 y 满足同余方程 $y^k \equiv 1 \pmod m$.

4. 设 n 是正整数, p 是素数, $(n, p-1) = k$, 证明同余方程 $x^n \equiv 1 \pmod p$ 有 k 个解.

5. 设 p 是素数, 证明:

(i) 对于一切整数 $x, x^{p-1} - 1 \equiv (x-1)(x-2)\cdots(x-p+1) \pmod p$;

(ii) $(p-1)! \equiv -1 \pmod p$.

6. 设 $p \geqslant 3$ 是素数, 证明: $(x-1)(x-2)\cdots(x-p+1)$ 的展开式中除首项及常数项外, 所有的系数都是 p 的倍数.

第 7 章　公 钥 密 码

本章介绍公钥密码系统的基本思想, 几种典型的公钥系统, 以及公钥密码的应用.

7.1　公钥密码系统

第 3 章中所介绍的几种传统加密方法的共同特点, 是由加密方法及加密钥可以导出解密方法及解密钥, 而且, 当解密钥已知时, 对密文的解密可以用多项式时间算法完成. 因此, 为了保证密码系统的安全性, 需要有一个传送解密钥的安全通道, 这既造成了使用这种系统的困难, 又增加了泄露解密钥的危险.

从实用的观点来看, 由于"保密"本身是有时间性的, 所以, 密码系统的安全性要求也是有时间性的, 即, 只要在某个时间期限内, 密文不被破译, 就可以认为这个密码系统是安全的. 基于这个认识, 即基于安全性的时间性, 1976 年, W. Diffie 与 M. Hellman 提出了建立公钥密码系统的思想.

与传统的密码系统相比, 公钥密码系统有以下特点:

(i) 加密算法和加密钥是公开的;

(ii) 加密和解密都是计算上容易的, 即可以用多项式时间算法完成它们, 此处所说的解密是"合法"接收者由密文信息获得明文信息;

(iii) 密码分析人员从密文破译出明文是计算上困难的, 即破译工作无法在多项式时间内完成.

为了使 (i) 和 (iii) 满足, 必须满足条件: 不存在由公开钥求出解密钥的多项式时间算法, 即由公开钥求出解密钥是计算上困难的. 同时, 为了使 (ii) 满足, 则合法接收者应该掌握某种信息, 使得解密是计算上容易的.

定义 7.1.1　设 $E = f(P)$ 是定义在集合 $\mathcal{P}$ 上的一一对应的函数, 它的函数值集合是 $\mathcal{E}$. 若对给定的 $P \in \mathcal{P}$, 求 $E = f(P)$ 是计算上容易的, 但对给定的 $E \in \mathcal{E}$, 求与 E 对应的 P 却是计算上困难的, 则称 $f(P)$ 是单向函数.

定义 7.1.2　设 $E = f_k(P)$ 是含参变量 k 的单向函数. 若有 $d(k)$ 存在, 使得当 $d(k)$ 已知时, 由给定的 $E, E = f_k(P)$, 求与 E 对应的 P 却是计算上容易的, 则称 $f_k(P)$ 是单向陷门函数, $d(k)$ 是陷门信息.

利用单向陷门函数, 可以构造公钥密码系统的加密算法. 一般地, $d(k)$ 与 $f_k(P)$ 是无关的, 因此, 在整个加密过程中可以将它保密. 密文的合法接收者掌握了信息

$d(k)$, 就可以容易地得到明文.

一般的公钥密码系统的信息流程图如图 7.1 所示.

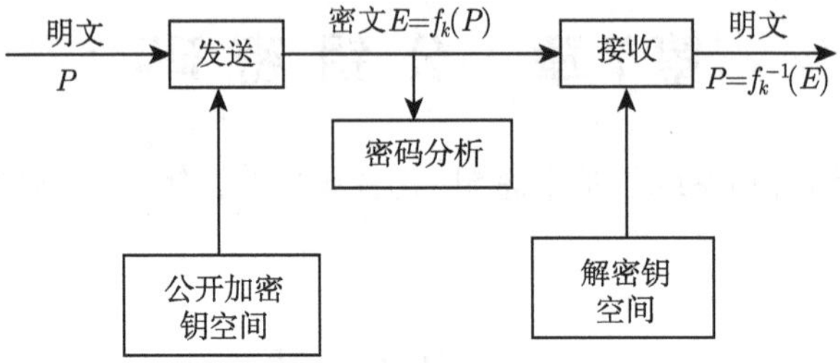

图 7.1　公钥密码系统流程图

由图 7.1 可见, 使用公钥密码系统时, 不需要传送解密钥的秘密通道, 这使它比传统密码系统更便于实际应用.

公钥密码系统的加密钥是公开的, 这对于以密文形式传送信息提供了极大的便利. 它在许多方面 (除传送信息外) 取得了应用. 下面举几个例子.

交换密钥　为了弥补传统密码系统需要传送解密钥通道的缺陷, 人们采用公钥密码系统实现传送解密钥的过程, 即, 在使用传统密码系统时, 每更换一次加密钥, 都用公钥密码系统将新的解密钥传送给合法接收者.

数字签名　在社会生活中, 在处理具体事务时, 常需要当事人进行签证 (签名), 以保证他做出的许诺, 或送出的信息的可靠性与合法性. 例如, 在签署文件时, 由当事人签名、盖章、签署日期, 以及重要的特殊记号, 常是必不可少的环节. 这样的签证, 显然应该满足下面的要求:

假设 A 签证一个文件给 B, 那么

(I) B 应该能够确定这是否是 A 的签证;

(II) 任何其他人, 无法伪造 A 的签证, 即 A 有其独特的签证方式, 例如, 私章、公章或者亲笔签名, 等等;

(III) 有一个仲裁签证是否是由 A 发出的方法. 例如, 当 A 否认这个签证时, 就需要有这样的方法鉴定真伪.

许多公钥密码系统可以用来进行签证, 这不需要当事人到场. 只需传送必要的信息.

设单向陷门函数 $E = f_k(P)$ 满足条件

$$f_k(f_k^{-1}(E)) = E, \quad f_k^{-1}(f_k(E)) = E, \tag{7.1.1}$$

此处表示从密文求得对应的明文的解密函数 (算法), 又假设 A 所使用的加密函数及公钥是 $f_A(P)$ 与 e_A, B 所使用的加密函数及公钥是 $f_B(P)$ 与 e_B.

假定需要签证的信息是 M(例如, 它是签证人的姓名、签证日期、特定的标志, 等等), 并且, 已经按一个符号表将 M 与一个数字对应. 为方便计, 用 M 同时表示签证文字以及它所对应的数字.

A 要将签证信息 M 传送给 B 时, 可计算

$$M' = f_B(f_A^{-1}(M)), \tag{7.1.2}$$

然后将 M' 传送给 B. 由于求 $f_A^{-1}(M)$ 所需要的陷门信息只有 A 掌握, 而且 f_B 与 e_B 是公开的, 所以, 计算 M' 只对 A 是容易的, 即任何人都无法伪造.

B 收到 M' 后, 计算

$$M'' = f_B^{-1}(M') = f_B^{-1}(f_B(f_A^{-1}(M))) = f_A^{-1}(M), \tag{7.1.3}$$

以及

$$f_A(M'') = f_A(f_A^{-1}(M)) = M, \tag{7.1.4}$$

可以验证这是否是 A 的签证 M. 对 B 来说, 他掌握求出 $f_B^{-1}(M')$ 所需要的陷门信息, 又有计算 $f_A(M'')$ 所需要的加密钥 e_A(这是公开的), 所以 (7.1.3) 式与 (7.1.4) 式的计算都是容易的.

显然, 任何第三方都可以按照 (7.1.3) 式和 (7.1.4) 式鉴定 B 所收到的信息是否是 A 的签证. 当然, 此处假定任何一个不是 A 的人, 无法由 M 按照 (7.1.2) 式计算 M', 即已知 M 时, 求 $f_A^{-1}(M)$ 是计算上困难的.

信息集合加密 假设 $\mathcal{U}$ 是由 n 个信息 $F_1, \cdots, F_n$ 组成的集合, 又设按某种对应关系使这 n 个信息与 n 个整数对应. 为简便计, 将用 $F_i(1 \leqslant i \leqslant n)$ 同时表示它所对应的整数.

下面叙述一种对 $\mathcal{U}$ 的加密方法, 满足这样的条件: 可以从密文得到某个信息 F_i, 对它进行修改, 同时, 不影响其他信息 $F_j(j \neq i)$ 的保密.

取正整数 $m_1, \cdots, m_n$, 使得

$$m_i > F_i(1 \leqslant i \leqslant n), \quad (m_i, m_j) = 1(i \neq j).$$

记

$$M = m_1 m_2 \cdots m_n, \quad M_i = \frac{M}{m_i}(1 \leqslant i \leqslant n).$$

又设 $M_i^{-1}(1 \leqslant i \leqslant n)$ 由下面的同余式确定:

$$M_i M_i^{-1} \equiv 1 (\bmod m_i), \quad 1 \leqslant M_i^{-1} < m_i,$$

将 $\mathcal{U}$ 按下述方式加密:

$$E = E(\mathcal{U}) = \sum_{i=1}^{n} M_i M_i^{-1} F_i (\bmod M). \tag{7.1.5}$$

若要从密文 E 中求出 F_i, 可利用公式

$$F_i \equiv \sum_{i=1}^{n} M_i M_i^{-1} F_i \equiv E(\mathrm{mod}\ m_i), \quad 0 \leqslant F_i < m_i.$$

在这一加密方法中, $m_i, M_i, M_i^{-1}(1 \leqslant i \leqslant n)$ 都是保密的. 显然,

(i) 只有掌握 m_i, 才能由 E 得到 F_i;

(ii) 在掌握 m_i 的条件下, 可以求出 F_i, 并且可以在修改 F_i 成 F_i' 之后, 重新对由 $F_1, \cdots, F_{i-1}, F_i', F_{i+1}, \cdots, F_n$ 组成的新集合 $\mathcal{U}'$ 加密;

(iii) 无论求出 F_i 或对 F_i 进行修改, 对其他信息 $F_j(j \neq i)$ 均无影响.

例 7.1.1　设某数据库含四段文字:

$F_1 = (0111)_2 = 7, F_2 = (1001)_2 = 9, F_3 = (1100)_2 = 12, F_4 = (1111)_2 = 15.$

取 $m_1 = 11, m_2 = 13, m_3 = 17, m_4 = 19$, 则

$$\begin{aligned}
&M = 11 \cdot 13 \cdot 17 \cdot 19 = 46189,\\
&M_1 = 13 \cdot 17 \cdot 19 = 4199, \quad M_2 = 11 \cdot 17 \cdot 19 = 3553,\\
&M_3 = 11 \cdot 13 \cdot 19 = 2717, \quad M_4 = 11 \cdot 13 \cdot 17 = 2431,\\
&M_1^{-1} = 7, M_2^{-1} = 10, \quad M_3^{-1} = 11, M_4^{-1} = 18.
\end{aligned}$$

对集合 {7, 9, 12, 15} 加密, 得到

$$\begin{aligned}
E = \sum_{i=1}^{4} M_i M_i^{-1} F_i &= 4199 \cdot 7 \cdot 7 + 3553 \cdot 10 \cdot 9 + 2717 \cdot 11 \cdot 12\\
&\quad + 2431 \cdot 18 \cdot 15 \equiv 16298(\mathrm{mod}\ 46189),
\end{aligned}$$

即 $E = 16298$.

若要求出 F_2, 则由

$$F_2 \equiv 16298 \equiv 9(\mathrm{mod}\ 13)$$

得到 $F_2 = 9$. 若要将 F_2 改变成 10, 并且将新的数据库加密, 则 {7, 10, 12, 15} 对应的密文是

$$\begin{aligned}
E' \equiv &4199 \cdot 7 \cdot 7 + 3553 \cdot 10 \cdot 10 + 2717 \cdot 11 \cdot 12\\
&+ 2431 \cdot 18 \cdot 15 \equiv 5639(\mathrm{mod}\ 46189),
\end{aligned}$$

即 $E' = 5639$.

秘密共享　为了保存一个信息 M, 使它不被盗取或丢失, 可以采用共享的办法, 即建立由 M 决定的 r 个子信息, 使得从其中的 $s(s \leqslant r)$ 个子信息求出 M 是计算上容易的, 同时, 当子信息的个数少于 s 时, 求出 M 却是计算上困难的.

为此, 取素数 $p > M$, 又取两两互素的自然数 $m_1, \cdots, m_r, m_1 < m_2 < \cdots < m_r, p \nmid m_1 m_2 \cdots m_r$, 并且

$$m_1 m_2 \cdots m_s > p m_r m_{r-1} \cdots m_{r-s+2}, \tag{7.1.6}$$

随机地选取正整数 t,

$$t \leqslant \frac{1}{p} m_1 \cdots m_s - 1. \tag{7.1.7}$$

对于 $i = 1, 2, \cdots, n$, 令

$$E_i \equiv M + tP (\bmod\ m_i). \tag{7.1.8}$$

下面说明 $E_1, \cdots, E_n$ 是满足前述要求的子信息.

(i) 由 s 个 E_i 可以容易地求出 M.

设这 s 个子信息是 $E_{i1}, \cdots, E_{is}$, 则由孙子定理可知, 存在唯一的 $x_0, 0 \leqslant x_0 < m_{i1} \cdots m_{is}$, 满足方程组

$$X \equiv E_{ik} (\bmod\ m_{ik}), \quad 1 \leqslant k \leqslant s. \tag{7.1.9}$$

显然 $M + tp$ 满足方程组 (7.1.9), 而且, 由于 $P > M$ 及 t 的选取方式, 可知

$$M + tp < (t+1)p \leqslant \frac{1}{p} m_1 \cdots m_s \cdot p = m_1 \cdots m_s \leqslant m_{i1} \cdots m_{is}. \tag{7.1.10}$$

因此, 必是 $x_0 = M + tp$, 即 $M = x_0 - tp$ 是唯一地确定的.

(ii) 设仅知 $E_{j1}, \cdots, E_{jl}, l \leqslant s - 1$, 则无法确定 M.

事实上, 由孙子定理, 方程组

$$X \equiv E_{jk} (\bmod\ m_{jk}), \quad 1 \leqslant k \leqslant l \tag{7.1.11}$$

对模 $m_{j1} \cdots m_{jl}$ 有唯一解 $x_0, 0 \leqslant x_0 < m_{j1} \cdots m_{jl}$. 因为 $m_1, \cdots, m_n$ 是两两互素的, 由 (7.1.9) 式与 (7.1.11) 式得到

$$x_0 \equiv M + tp (\bmod\ m_{j1} \cdots m_{jl}), \tag{7.1.12}$$

即

$$M + tp - x_0 = \lambda m_{j1} \cdots m_{jl},$$

其中 λ 是整数. 要确定 M, 必须确定 λ 的值. 由 (7.1.12) 式, 得到

$$0 \leqslant \lambda \leqslant \frac{M + tp - x_0}{m_{j1} \cdots m_{jl}}.$$

另一方面, 由 (7.1.6) 式和 (7.1.7) 式, 以及 $l \leqslant s-1$, 得到

$$\frac{M+tp-x_0}{m_{j1}\cdots m_{jl}} > \frac{M+tp}{m_r m_{r-1}\cdots m_{r-s+2}} - 1.$$

由 (7.1.10) 式, $M+tp$ 可能的取值在 1 与 $m_1\cdots m_s$ 之间, 因此, 利用 (7.1.6) 式可知, λ 的取值可能是 $0,1,2,\cdots,p-1$, 即在没有附加条件时, 单由 (7.1.12) 式无法确定 λ 的值, 从而不能确定 M.

例 7.1.2　设要三方共享的信息是 $M=5$. 取 $p=7, m_1=11, m_2=12, m_3=17$, 则

$$11\cdot 12 > 7\cdot 17.$$

取 $t = 14 \leqslant \frac{1}{p}m_1m_2 - 1 = \frac{1}{7}\cdot 11\cdot 12 - 1$, 三个子信息为

$$E_1 \equiv 5+14\cdot 7 \equiv 4 (\mathrm{mod}\ 11),$$
$$E_2 \equiv 5+14\cdot 7 \equiv 7 (\mathrm{mod}\ 12),$$
$$E_3 \equiv 5+14\cdot 7 \equiv 1 (\mathrm{mod}\ 17),$$

由 E_1, E_2 与 E_3 中的任意两个都可以确定出 M. 例如, 假设已知 $E_1=4$ 与 $E_2=7$, 利用孙子定理, 得到方程组

$$\begin{cases} x \equiv 4 (\mathrm{mod}\ 11), \\ x \equiv 7 (\mathrm{mod}\ 12) \end{cases}$$

的解 $x_0 \equiv 103 (\mathrm{mod} 11\cdot 12)$, 于是

$$M = x_0 - tp = 103 - 14\cdot 7 = 5.$$

智力扑克　设加密函数 $f_1(p)$ 与 $f_2(p)$ 满足条件

$$f_1(f_2(p)) = f_2(f_1(p)), \quad P \in \mathcal{P},$$

则可以用它们进行智力扑克游戏, 即利用通信网络打牌.

假设 A 与 B 打牌, 共有 s 张牌. 下面以每人各送 k 张牌为例, 说明打牌的步骤.

以 $m_1, \cdots, m_s$ 表示这 s 张牌.

(i) A 将 $m_1, \cdots, m_s$ 用 $f_1(p)$ 加密, 得到

$$E_i = f_1(m_i), \quad 1 \leqslant i \leqslant s, \tag{7.1.13}$$

将它们随机地排列, 发送给 B. 此处假定只有 A 掌握计算 $f_1^{-1}(E_i)$ 所需要的陷门信息;

(ii) B 随机地从 $E_1, \cdots, E_s$ 中取出 k 个, 假设是 $e'_1, \cdots, e'_k$, 将它们发送给 A;

(iii) A 计算:

$$f_1^{-1}(e'_i) = f_1^{-1}(f_1(m'_i)) = m'_i, \quad 1 \leqslant i \leqslant k,$$

得到他的 k 张牌 $m'_1, \cdots, m'_k$, 此处 m'_i 满足 $e'_i = f_1(m'_i), 1 \leqslant i \leqslant k$;

(iv) B 又随机地从剩下的 $s-k$ 张牌里取出 k 张, 设是 $e''_1, \cdots, e''_k$, 计算

$$g_i = f_2(e''_i) = f_2(f_1(m''_i)) = f_1(f_2(m''_i)), \quad 1 \leqslant i \leqslant k,$$

其中 m''_i 满足 $e''_i = f_1(m''_i), 1 \leqslant i \leqslant k$, 将 $g_1, \cdots, g_k$ 发送给 A;

(v) A 计算:

$$g'_i = f_1^{-1}(g_i) = f_1^{-1}(f_1(f_2(m''_i))) = f_2(m''_i), \quad 1 \leqslant i \leqslant k,$$

并且将 $g'_1, \cdots, g'_k$ 发送给 B;

(vi) B 计算:

$$f_2^{-1}(g'_i) = f_2^{-1}(f_2(m''_i)) = m''_i, \quad 1 \leqslant i \leqslant k,$$

得到他的 k 张牌.

至此, A 与 B 各得到 k 张牌. 以后的打牌也照此进行. 由于 A 与 B 不掌握对方的解密方法, 所以都不能从上面的任何一个步骤中知道对方的牌. 此外, 需要仲裁游戏过程中有无欺骗行为时, 可将双方解密函数公开, 进行验证和鉴定.

但是, 上述方案是有缺陷的, 即存在着进行欺骗的可能性. 若采用概率加密系统来实现智力扑克, 不但可以去掉可交换函数这一条件, 而且可以克服上述方案中的缺陷, 此处不再细述.

习 题 7.1

1. 设某数据库由四个文件组成: $F_1 = 4, F_2 = 6, F_3 = 10$, 以及 $F_4 = 13$. 试设计一个对该数据库加密的方法, 但要能求出个别的 $F_i (1 \leqslant i \leqslant 4)$, 同时不影响其他文件的保密.

2. 利用本节中的秘密共享方案, 设计一个由三方共享信息 $M = 3$ 的方法, 要求: 在有两个子信息时就可以求出 M, 但是, 由一个子信息无法确定 M(提示: 取 $p = 5, m_1 = 8, m_2 = 9, m_3 = 11, t$=13).

3. 设 $f(x)$ 是 $s-1$ 次整系数多项式, p 是素数, M 与 r 是正整数, $p > M, p > r, M$ 是 $f(x)$ 的常数项. 又设 $x_1, \cdots, x_r$ 是两两对模 p 不同余的整数, 记

$$E_i \equiv f(x_i) (\bmod p), \quad 0 \leqslant E_i < p (1 \leqslant i \leqslant r).$$

证明:

(1) 由 $E_1, \cdots, E_r$ 中的任意 s 个可以求出 M;

(2) 由 $E_1, \cdots, E_r$ 中的 $t(\leqslant s-1)$ 个无法确定 M.

说明实现秘密共享的一个方法.

7.2 RSA 加密

基于大整数因数分解问题的困难程度, R. L. Rivest, A. Shamir 与 L. Adleman 在 1978 年提出了一个公钥密码系统, 即 RSA 系统.

RSA 系统的设计.

(I) 选取参数

随机地选取大素数 p 与 q, 计算

$$n = pq, \quad \varphi(n) = (p-1)(q-1);$$

再随机地选取 $e \in \mathbf{N}, (e, \varphi(n)) = 1$, 并计算 d, 使得

$$ed \equiv 1(\bmod \varphi(n)). \tag{7.2.1}$$

公开 n, e, 作为加密钥, 保密 $p, q, \varphi(n)$, 以及 d.

(II) 加密. 设明文是 $P, 0 \leqslant P < n$, 计算密文

$$E \equiv P^e(\bmod n), \quad 0 \leqslant E < n.$$

(III) 解密. 已知密文 E 时, 明文 P 由下式确定:

$$P \equiv E^d(\bmod n), \quad 0 \leqslant P < n. \tag{7.2.2}$$

对于以上设计的 RSA 系统, 简记为 RSA(n, e).

下面的定理给出了 RSA(n, e) 的解密算法的依据.

定理 7.2.1 设 $n = p_1 \cdots p_k$ 是 k 个不同的素数之积, $(e, \varphi(n)) = 1$, 并且 (7.2.1) 式成立, 则对于任意的 $a \in \mathbf{N}$, 有

$$a^{ed} \equiv a(\bmod n).$$

证明 对于任意的 $p_i(1 \leqslant i \leqslant k)$, 若 $(a, p_i) = 1$, 则由 Fermat 定理,

$$a^{p_i - 1} \equiv 1(\bmod n).$$

由 (7.2.1) 式, $ed = r\varphi(n) + 1 = r(p_1 - 1) \cdots (p_k - 1) + 1$, 其中 r 是非负整数, 所以, 上式给出

$$a^{ed} \equiv a(\bmod p_i).$$

当 $(a,p_i)>1$ 时, 这个同余式当然也成立. 由于 $p_1,\cdots,p_k$ 是互不相同的素数, 由同余式的性质即可证得定理. □

在设计 RSA(n,e) 时, 我们假定明文 P(所对应的整数) 满足条件 $0\leqslant P<n$. 如果 $P>n$, 如对 $0\leqslant P<n^{k+1}$, 则可以利用

$$P=\sum_{i=0}^{k}P_in^i,\quad 0\leqslant P_i<n, \tag{7.2.3}$$

使 P 与 $(P_0,\cdots,P_k)$ 建立一一对应的关系, 此后, 使用 RSA(n,e) 分别对 $P_i(0\leqslant i\leqslant k)$ 加密, 得到相应的密文 E_i, 于是, 明文 P 所对应的密文就是

$$E=\sum_{i=0}^{k}E_in^i. \tag{7.2.4}$$

若要由密文 E 求出明文 P, 则由 (7.2.4) 式先求出 $E_0,\cdots,E_k$, 再由 RSA(n,e) 的解密算法求出 $P_0,\cdots,P_k$, 利用 (7.2.3) 式得到明文 P.

在第 3 章中已经谈到, 若使用含 N 个符号的符号表, 那么, 若信息单元 P 的长度是 k, 则它们与整数列 $P_{k-1},\cdots,P_0$ 以下述形式建立一一对应关系:

$$P=P_{k-1}N^{k-1}+\cdots+P_0.$$

现在, 使用 RSA(n,e), 假设 $N^k<n\leqslant N^l$, 又设明文 P 所对应的密文是 E, 那么, 利用等式

$$E=E_{l-1}N^{l-1}+\cdots+E_0$$

就可以使 E 与整数列 $E_{l-1},\cdots,E_0$ 建立一一对应关系.

例 7.2.1 设明文与密文的信息单元都由 26 个英文字母 A,B, $\cdots$,Y,Z(分别与 $0,1,\ldots,24,25$ 对应) 组成. 又设明文单元含三个字母, 密文单元含四个字母. 求使用 RSA(n,e) 对明文 YES 加密后的密文, 此处 $n=281\cdot167=46927$, $e=39423$, $d=26767$.

解 由

$$\mathrm{Y}\to24,\quad \mathrm{E}\to4,\quad \mathrm{S}\to18$$

得到

$$\mathrm{YES}\to24\cdot26^2+4\cdot26+18=16346,$$

利用加密公式, 由

$$\mathrm{E}\equiv16346^{39423}\equiv21166(\mathrm{mod}\ 46927)$$

及

$$21166=1\cdot26^3+5\cdot26^2+8\cdot26+2,$$

$$1 \to \mathrm{B},\quad 5 \to \mathrm{F},\quad 8 \to \mathrm{I},\quad 2 \to \mathrm{C}$$

得到密文 BFIC.

对 RSA 系统安全性的分析.

(I) 如果密码分析人员能将 n 分解因数, 即能求出素因数 p 与 q, 使得 $n = pq$, 则可求出 $\varphi(n) = (p-1)(q-1)$, 又可以利用 Euclid 算法得到 (7.2.1) 式中的 d, 就能由 (7.2.2) 式从密文求出明文. 因此, 破译 RSA 密文不会比将 n 分解因数困难. 但是, 将大整数分解因数的问题是困难的, 所以, 利用这一途径破译 RSA 密文是困难的.

(Ⅱ) 如果密码分析人员能用某种方法 (不是将 n 分解因数) 求出 $\varphi(n)$, 则也可以破译 RSA 密文. 此时, 在多项式时间内就可以将 n 分解因数. 这说明, 求出 $\varphi(n)$ 与将 n 分解因数在计算上是同样困难的.

(Ⅲ) 若能求出整数 d', 使得

$$ed' \equiv 1(\bmod \varphi(n)), \tag{7.2.5}$$

则可以利用定理 7.2.1 破译 RSA 密文.

(Ⅳ) 关于 RSA(n,e) 的不动点.

定义 7.2.1　若 $0 \leqslant P < n$, 如果

$$P^{e^k} \equiv P(\bmod n) \tag{7.2.6}$$

对某个正整数 k 成立, 则称 P 是 RSA(n,e) 的 k 阶不动点.

从安全性考虑出发, 我们希望 RSA(n,e) 的不动点少一些, 而且, 希望不动点的阶要相当大, 否则, 密码分析人员可以在多项式时间内用穷举法得到明文.

设 $n = pq$, p 与 q 是不同的素数. 不妨设 $(P,n) = 1$, 否则, 从 $(P,n) > 1$ 就可以求出 n 的真因数了.

容易得出关于 P 的方程 (7.2.6) 的解的个数是

$$g(n) = (1 + (e^k - 1, p-1))(1 + (e^k - 1, q-1)).$$

由于 $2 \nmid e$, 所以 $g(n) \geqslant 9$. 为了使 $g(n)$ 不太大, 就需要 $e^k - 1$ 与 $p-1$ 和 $q-1$ 的最大公约数都不能太大. 例如, 可取 $p = 2p' + 1, q = 2q' + 1$, 此处 p' 与 q' 都是素数.

RSA 系统参数的选取.

基于对密码系统安全性的考虑, 在设计 RSA 系统的参数时, 下面的一些要求应该要满足的:

(I) 差值 $p - q$ 不宜太小.

(Ⅱ) $p-1$ 与 $q-1$ 的最大公约数 $d = (p-1, q-1)$ 不能太大.

(III) $p-1$ 与 $q-1$ 都应该至少有一个大的素因数.

此外, 从分解因数的困难程度考虑, p 与 q 的数量级至少要是 10^{100}. 当然, 这里所提到的数量级, 与实际具有的计算能力是有关的.

(IV) 现在, 说明怎样选取大素数 p. 基本思想是, 任选一个奇数, 再检验它的素性. 即采取下面的步骤:

(1) 随机地取一个 r 位的奇数 a;

(2) 检验 a 是否是素数 (利用已有的素性检验方法);

(3) 若 a 不是素数, 则重复步骤 (1) 和步骤 (2), 直到找出素数 a 为止.

由于 r 位的奇数有 $\dfrac{1}{2}(10^r-10^{r-1})$ 个, 所以, 由素数定理 (定理 4.4.8), 当随机地选取一个 r 位的奇数时, 它是素数的概率是

$$\frac{\pi(10^r)-\pi(10^{r-1})}{\dfrac{1}{2}(10^r-10^{r-1})} \sim \frac{\dfrac{10^r}{\log 10^r}-\dfrac{10^{r-1}}{\log 10^{r-1}}}{\dfrac{1}{2}(10^r-10^{r-1})} = \frac{2}{9\log 10}\cdot\frac{9r-10}{r(r-1)}.$$

若 $r=100$, 上式右端近似地等于 $\dfrac{1}{115}$. 这说明, 大概在检验 115 个奇数之后, 就可以找到一个 100 位的素数了.

下面是 RSA 系统的一个推广.

RSA$_k$系统.

(I) 参数的选取. 取 $k\in\mathbf{N}$. 随机地选取大素数 p 与 q, 计算 $n=pq, \varphi(n)=(p-1)(q-1)$. 再随机地选取 k 个正整数 $e_j(1\leqslant j\leqslant k)$, $e_j<\varphi(n)$, 并且

$$(e_1\cdots e_k,\varphi(n))=1.$$

计算 $d_i(1\leqslant i\leqslant k)$, 使得

$$e_1d_1+\cdots+e_kd_k\equiv 1(\bmod\ \varphi(n)).$$

(II) 加密. 设明文为 $P, 0\leqslant P<n$, 计算

$$E_i\equiv P^{e_i}(\bmod\ n),\quad 0\leqslant E_i<n,$$

将 k 维向量 $(E_1,\cdots,E_k)$ 作为与 P 对应的密文.

(III) 解密. 按下面的公式由 $(E_1,\cdots,E_k)$ 求出明文 P:

$$P\equiv E_1^{d_1}E_2^{d_2}\cdots E_k^{d_k}(\bmod\ n),\quad 0\leqslant P<n.$$

关于这一系统的具体分析, 留给读者.

习　题　7.2

1. 使用含有 26 个英文字母的符号表, 假设信息单元含两个符号, 使用 RSA(899,9) 将 COMEBACK 加密.

2. 证明 RSA_k 系统的解密公式.

3. 说明如何用 RSA 系统实现数字签名.

第 8 章　二 次 剩 余

8.1　素数模的二次同余方程

设 p 是素数, 我们来研究二次同余方程

$$ax^2 + bx + c \equiv 0 \pmod p. \tag{8.1.1}$$

如果 $p = 2$, 则可以直接验证 $x \equiv 0$ 或 $1 \pmod 2$ 是否方程 (8.1.1) 的解.

如果 $(a, p) = p$, 则方程 (8.1.1) 成为一元一次同余方程. 因此, 只需考察 $p > 2, (a, p) = 1$ 的情形. 此时, 因为 $(4a, p) = 1$, 所以, 方程 (8.1.1) 等价于方程

$$4a^2x^2 + 4abx + 4ac \equiv 0 \pmod p,$$

即

$$(2ax + b)^2 \equiv b^2 - 4ac \pmod p.$$

这样, 对方程 (8.1.1) 的研究归结为对方程

$$x^2 \equiv n \pmod p \tag{8.1.2}$$

的研究.

定义 8.1.1　给定整数 p, 对于任意的整数 $n, (n, p) = 1$, 若方程 (8.1.2) 有解, 则称 n 是模 p 的二次剩余, 记为 $n \in \mathrm{QR}(p)$; 否则, 称 n 是模 p 的二次非剩余, 记为 $n \in \mathrm{QNR}(p)$.

显然, 若 $n_1 \equiv n_2 \pmod p$, 则它们同是模 p 的二次剩余 (或二次非剩余), 因此, 在谈到模 p 的二次剩余 (或二次非剩余) 时, 把 n_1 和 n_2 看作是同一个.

以下, 在本节中, 总假定 p 是奇素数.

根据定理 6.4.5, 我们知道方程

$$x^m \equiv n \pmod p, \quad m | p - 1, \quad p \nmid n$$

有解的充要条件是 $n^{\frac{p-1}{m}} \equiv 1 \pmod p$, 且在有解的情况下, 解数为 m. 现在我们考虑它的特殊情况, 即当 $m = 2$ 时, $x^2 \equiv n \pmod p$ 有解的充要条件是 $n^{\frac{p-1}{2}} \equiv 1 \pmod p$, 且有两个解. 而根据二次剩余的定义, 此时 n 是模 p 的二次剩余.

因为 $(n, p) = 1$, 由 Euler 定理可知道

$$n^{p-1} \equiv 1 \pmod p,$$

$$(n^{\frac{p-1}{2}}+1)(n^{\frac{p-1}{2}}-1)\equiv 0(\bmod p). \tag{8.1.3}$$

因为 p 是奇素数, 所以式 $n^{\frac{p-1}{2}}-1\equiv 0(\bmod p)$ 与式 $n^{\frac{p-1}{2}}+1\equiv 0(\bmod p)$ 中必有且仅有一个成立, 因此根据刚才的结论, 如 $x^2\equiv n(\bmod p)$ 无解, 则它的充要条件是 $n^{\frac{p-1}{2}}\equiv -1(\bmod p)$.

根据以上的分析, 我们可得到如下结论.

定理 8.1.1　若 $(n,p)=1$, 则

(i) n 是模 p 的二次剩余的充要条件是

$$n^{\frac{p-1}{2}}\equiv 1(\bmod p); \tag{8.1.4}$$

(ii) 若 n 是模 p 的二次剩余, 则方程 (8.1.2) 有两个解;

(iii) n 是模 p 的二次非剩余的充要条件是

$$n^{\frac{p-1}{2}}\equiv -1(\bmod p). \tag{8.1.5}$$

□

显然, 下面的 $\dfrac{p-1}{2}$ 个数都是模 p 的二次剩余:

$$1^2,2^2,\cdots,\left(\frac{p-1}{2}\right)^2. \tag{8.1.6}$$

假设有整数 $k,s,1\leqslant k<s\leqslant\dfrac{p-1}{2}$, 使得 k^2 和 s^2 关于模 p 不同余, 那么, 由

$$k^2\equiv s^2(\bmod p), \tag{8.1.7}$$

得到 $p|k+s$ 或 $p|k-s$, 这是不可能的, 所以式 (8.1.7) 不能成立. 由此我们可以得到如下结论.

定理 8.1.2　模 p 的简化系中, 二次剩余与二次非剩余的个数都是 $\dfrac{p-1}{2}$, 而且, 模 p 的每个二次剩余与且仅与数列

$$1^2,2^2,\cdots,\left(\frac{p-1}{2}\right)^2$$

中的一个数同余. □

定义 8.1.2　给定奇素数 p, 对于整数 n, 定义 Legendre 符号为

$$\left(\frac{n}{p}\right)=\begin{cases}0, & 当(n,p)\neq 1,\\ 1, & 当n\in \mathrm{QR}(p),\\ -1, & 当n\in \mathrm{QNR}(p).\end{cases}$$

例如, 由定理 8.1.1, 1 与 4 是模 5 的二次剩余, 2 与 3 是模 5 的二次非剩余, 于是

$$\left(\frac{1}{5}\right)=1,\quad \left(\frac{2}{5}\right)=-1,\quad \left(\frac{3}{5}\right)=-1,\quad \left(\frac{4}{5}\right)=1.$$

根据 Legendre 符号的定义, 以下的结论是容易得到的.

定理 8.1.3 设 p 是奇素数, n 是整数, 则

(i) $\left(\frac{n}{p}\right)\equiv n^{\frac{p-1}{2}}(\mathrm{mod}\ p)$;

(ii) 若 $n\equiv n_1(\mathrm{mod}\ p)$, 则 $\left(\frac{n}{p}\right)=\left(\frac{n_1}{p}\right)$;

(iii) $\left(\frac{1}{p}\right)=1, \left(\frac{-1}{p}\right)=(-1)^{\frac{p-1}{2}}$;

(iv) 对任意的整数 $a_i, 1\leqslant i\leqslant k$, 有

$$\left(\frac{a_1a_2\cdots a_k}{p}\right)=\left(\frac{a_1}{p}\right)\left(\frac{a_2}{p}\right)\cdots\left(\frac{a_k}{p}\right).$$ □

推论 8.1.1 设 p 是奇素数, 则 $-1\in \mathrm{QR}(p)$ 的充要条件是 $p\equiv 1(\mathrm{mod}\ 4)$; $-1\in \mathrm{QNR}(p)$ 的充要条件是 $p\equiv 3(\mathrm{mod}\ 4)$. □

例 8.1.1 判断方程 $x^2\equiv 5(\mathrm{mod}\ 11)$ 有没有解.

解 由定理 8.1.3, 因为

$$\left(\frac{5}{11}\right)\equiv 5^{\frac{11-1}{2}}=5^5\equiv 5\cdot 5^4\equiv 5\cdot 3^2\equiv 1(\mathrm{mod}\ 11),$$

方程有解.

例 8.1.2 设 p 是奇素数, $p\equiv 1(\mathrm{mod}\ 4)$, 则

$$\left(\pm\left(\frac{p-1}{2}\right)!\right)^2\equiv -1(\mathrm{mod}\ p)$$

解 由 Wilson 定理, 有

$$\begin{aligned}-1&\equiv (p-1)!=(-1)^{\frac{p-1}{2}}(p-1)!\\&=(-1)^{\frac{p-1}{2}}1\cdot 2\cdots\frac{p-1}{2}\frac{p+1}{2}\cdots(p-1)\\&\equiv\left(\left(\frac{p-1}{2}\right)!\right)^2(\mathrm{mod}\ p).\end{aligned}$$

定理 8.1.2 和例 8.1.2 说明, 当素数 $p\equiv 1(\mathrm{mod}\ 4)$ 时, 模 p 的所有二次剩余之积对模 p 同余于 -1. 此外, 我们还得到了方程 $x^2\equiv -1(\mathrm{mod}\ p)$ 的解.

例 8.1.3 设 n 是整数, 证明 n^2+1 的任何奇因数都是 $4m+1(m\in\mathbf{Z})$ 的形式.

解 由于任何奇数都可表成奇素数之积, 而且任意多个形如 $4m+1$ 的整数之积也具有 $4m+1$ 的形式, 我们只需证明: 若素数 p 是 n^2+1 的因数, 则 p 具有 $4m+1$ 的形式.

事实上, 若 $p|n^2+1$, 则

$$n^2\equiv -1(\mathrm{mod}\ p),$$

即 $-1\in\mathrm{QR}(p)$. 由推论 8.1.1 得出所需结论.

例 8.1.4 形如 $4m+1(k\in\mathbf{Z})$ 的素数有无穷多个.

解 用反证法. 假设只有有限多个形如 $4k+1$ 的素数 $p_1,p_2,\cdots,p_k$, 记

$$N=4(p_1p_2\cdots p_k)^2+1.$$

由例 8.1.3, 必有奇素数 $q, q\equiv 1(\mathrm{mod}\ 4), q|N$, 显然 $q\neq p_i(1\leqslant i\leqslant k)$, 这与假设矛盾, 所以形如 $4m+1$ 的素数有无穷多个.

例 8.1.5 若 $a\equiv 1(\mathrm{mod}\ 4), 2|b$, 并且 b 没有形如 $4k+3(k\in\mathbf{Z})$ 的素因数, 证明方程

$$y^2=x^3-a^3-b^2 \tag{8.1.8}$$

没有整数解.

解 用反证法. 假设有整数 x,y 满足方程 (8.1.8).

若 $2|x$, 则由式 (8.1.8) 得到 $y^2\equiv -1(\mathrm{mod}\ 4)$, 这不可能.

若 $x\equiv 3(\mathrm{mod}\ 4)$, 则由式 (8.1.8) 得到

$$y^2\equiv x^3-a^3-b^2\equiv 3^3-1^3-0\equiv 2(\mathrm{mod}\ 4),$$

这是不可能的.

若 $x\equiv 1(\mathrm{mod}\ 4)$, 则

$$x^2+ax+a^2\equiv 1+a+a^2\equiv 3(\mathrm{mod}\ 4), \tag{8.1.9}$$

因此, 必有素数 $p\equiv 3(\mathrm{mod}\ 4)$, 使得

$$p|x^2+ax+a^2. \tag{8.1.10}$$

由式 (8.1.8) 与式 (8.1.10) 得到

$$y^2=x^3-a^3-b^2\equiv -b^2(\mathrm{mod}\ p), \tag{8.1.11}$$

即 $-b^2 \in \mathrm{QR}(p)$. 但是, 由假设, $p \nmid b^2$, 所以有

$$\left(\frac{-b^2}{p}\right) = \left(\frac{-1}{p}\right)\left(\frac{b^2}{p}\right) = -1,$$

这与式 (8.1.11) 矛盾.

例 8.1.6 设 p 是素数, 证明: 数列 $1, 2, \cdots, p-1$ 中的模 p 的二次剩余之和是

$$S = \frac{p(p^2-1)}{24} - p\sum_{k=1}^{\frac{p-1}{2}}\left[\frac{k^2}{p}\right].$$

解 对于整数 $k, 1 \leqslant k \leqslant \dfrac{p-1}{2}$, 记

$$k^2 = pq_k + r_k, \quad q_k \in \mathbf{Z}, \quad 1 \leqslant r_k \leqslant p-1,$$

则 $q_k = \left[\dfrac{k^2}{p}\right]$, 并且, 由定理 8.1.2, 有

$$\begin{aligned} S &= \sum_{k=1}^{\frac{p-1}{2}} r_k = \sum_{k=1}^{\frac{p-1}{2}} k^2 - p\sum_{k=1}^{\frac{p-1}{2}}\left[\frac{k^2}{p}\right] \\ &= \frac{p(p^2-1)}{24} - p\sum_{k=1}^{\frac{p-1}{2}}\left[\frac{k^2}{p}\right]. \end{aligned}$$

例 8.1.7 设 p 是奇素数, 证明: 若同余方程

$$x^4 + 1 \equiv 0 (\bmod\ p) \tag{8.1.12}$$

有解, 则 $p \equiv 1 (\bmod\ 8)$.

解 设 $x \equiv a (\bmod\ p)$ 是方程 (8.1.12) 的解, 则

$$a^4 \equiv -1 (\bmod\ p), \tag{8.1.13}$$

$$a^8 \equiv 1 (\bmod\ p). \tag{8.1.14}$$

以 d_0 表示使

$$a^d \equiv 1 (\bmod\ p) \tag{8.1.15}$$

成立的最小正整数 d, 记 $8 = qd_0 + r, 0 \leqslant r \leqslant d_0 - 1$, 则由式 (8.1.14) 与式 (8.1.15) 得到

$$1 \equiv a^8 = a^{qd_0+r} \equiv a^r (\bmod\ p),$$

因此, 若 $r \neq 0$, 则上式与 d_0 的定义矛盾. 所以 $r=0$, 即 $d_0|8$, 这样, d_0 的取值只可能是 1, 2, 4 或 8. 由式 (8.1.13) 可知 $d_0=8$.

用同样方法以及 Euler 定理可以证明 $8|p-1$ 即 $p \equiv 1(\bmod 8)$.

习 题 8.1

1. 同余方程 $x^2 \equiv 3(\bmod 13)$ 有多少个解?

2. 求出模 23 的所有的二次剩余和二次非剩余.

3. 设 p 是奇素数, 证明: 模 p 的两个二次剩余的乘积是二次剩余; 两个二次非剩余的乘积是二次剩余; 一个二次剩余和一个二次非剩余的乘积是二次非剩余.

4. 设素数 $p \equiv 3(\bmod 4)$, $\left(\dfrac{n}{p}\right)=1$, 证明 $x \equiv \pm n^{\frac{p+1}{4}}(\bmod p)$ 是同余方程

$$x^2 \equiv n(\bmod p)$$

的解.

5. 设 p 是奇素数, $(n,p)=1, \alpha$ 是正整数, 证明同余方程

$$x^2 \equiv n(\bmod p^\alpha)$$

有解的充要条件是 $\left(\dfrac{n}{p}\right)=1$.

6. 设 p 是奇素数, 证明: 模 p 的所有二次剩余的乘积与 $(-1)^{\frac{p+1}{2}}$ 对模 p 同余.

8.2 Legendre 符号, 二次互反律

本节要对 Legendre 符号和二次剩余作进一步的研究. 以下, 总以 p 表示奇素数.

设 $(n,p)=1$, 对于整数 $k\left(1 \leqslant k \leqslant \dfrac{p-1}{2}\right)$, 以 r_k 表示 nk 对模 p 的最小非负剩余. 设在 $r_1, r_2, \cdots, r_{\frac{p-1}{2}}$ 中大于 $\dfrac{p}{2}$ 的为 $a_1, a_2, \cdots, a_m$, 小于 $\dfrac{p}{2}$ 的是 $b_1, b_2, \cdots, b_t$, 则

$$n^{\frac{p-1}{2}}\left(\frac{p-1}{2}\right)! = \prod_{1 \leqslant k \leqslant \frac{p-1}{2}}(nk) \equiv \prod_{i=1}^{m} a_i \prod_{i=1}^{t} b_i (\bmod p). \tag{8.2.1}$$

因为 $\dfrac{p}{2}<a_i<p$, 所以 $0<p-a_i<\dfrac{p}{2}$, 而且对于任意的 $i, j, 1 \leqslant i \leqslant m, 1 \leqslant j \leqslant t$, 有 $b_j \neq p-a_i$, 否则, 将有整数 k_1 与 $k_2, 1 \leqslant k_1, k_2 \leqslant \dfrac{p-1}{2}$, 使得

$$nk_1+nk_2 \equiv 0(\bmod p),$$

即

$$p|n(k_1+k_2),$$

由于 $(n,p)=1$, 于是 $p|k_1+k_2$, 这是不可能的. 这样, 由式 (8.2.1) 推出

$$\begin{aligned} n^{\frac{p-1}{2}}\left(\frac{p-1}{2}\right)! &\equiv (-1)^m\prod_{i=1}^{m}(p-a_i)\prod_{j=1}^{t}b_j \\ &\equiv (-1)^m\left(\frac{p-1}{2}\right)!(\bmod p), \end{aligned}$$

再结合定理 8.1.3, 我们可得到如下结论.

引理 8.2.1 设 $(n,p)=1$, 对于整数 $k\left(1\leqslant k\leqslant\dfrac{p-1}{2}\right)$, 以 r_k 表示 n_k 对模 p 的最小非负剩余. 设在 $r_1,r_2,\cdots,r_{\frac{p-1}{2}}$ 中大于 $\dfrac{p}{2}$ 的有 m 个, 则

$$\left(\frac{n}{p}\right)=(-1)^m.$$

□

使用引理 8.2.1 中的符号 r_k,a_i,b_i,m 与 t, 由

$$nk=p\left[\frac{nk}{p}\right]+r_k,\quad 1\leqslant k\leqslant\frac{p-1}{2},$$

及刚才的分析过程, 我们可以得到:

$$\begin{aligned} n\frac{p^2-1}{2} &= \sum_{k=1}^{\frac{p-1}{2}}nk=p\sum_{k=1}^{l}\left[\frac{nk}{p}\right]+\sum_{k=1}^{l}r_k \\ &= p\sum_{k=1}^{l}\left[\frac{nk}{p}\right]+\sum_{i=1}^{m}a_i+\sum_{i=1}^{t}b_i \\ &= p\sum_{k=1}^{l}\left[\frac{nk}{p}\right]+\sum_{i=1}^{m}(p-a_i)+\sum_{i=1}^{t}b_i+2\sum_{i=1}^{m}a_i-mp \\ &= p\sum_{k=1}^{l}\left[\frac{nk}{p}\right]+\sum_{i=1}^{l}i+2\sum_{i=1}^{m}a_i-mp \\ &= p\sum_{k=1}^{l}\left[\frac{nk}{p}\right]+\frac{p^2-1}{2}+2\sum_{i=1}^{m}a_i-mp, \end{aligned}$$

因此

$$(n-1)\frac{p^2-1}{8}=p\sum_{k=1}^{l}\left[\frac{nk}{p}\right]+2\sum_{i=1}^{m}a_i-mp. \tag{8.2.2}$$

若 $n=2$, 则当 $1\leqslant k\leqslant l$ 时,$0<\dfrac{nk}{p}<1$, 所以 $\left[\dfrac{nk}{p}\right]=0$, 于是由式 (8.2.2) 得到

$$\frac{p^2-1}{8}\equiv m(\bmod 2). \tag{8.2.3}$$

若 $2 \nmid n$ 则由式 (8.2.2) 推出

$$\sum_{k=1}^{l}\left[\frac{nk}{p}\right] \equiv m(\bmod 2). \tag{8.2.4}$$

由式 (8.2.3), 式 (8.2.4) 及引理 8.2.1, 可得到如下结论.

定理 8.2.1　(i) $\left(\frac{2}{p}\right)=(-1)^{\frac{p^2-1}{8}}$; (8.2.5)

(ii) 若 n 是奇数, $(n,p)=l$, 则

$$\left(\frac{n}{p}\right)=(-1)^{\sum\limits_{i=1}^{l}\left[\frac{ni}{p}\right]}, \tag{8.2.6}$$

其中 $l=\frac{p-1}{2}$. □

推论 8.2.1　设 p 是素数, 则

$$\left(\frac{2}{p}\right)=\begin{cases}1, & 当 p\equiv \pm 1(\bmod 8),\\ -1, & 当 p\equiv \pm 3(\bmod 8).\end{cases}$$ □

下面我们来讨论一个对于计算 Legendre 符号非常有用的结论.

记 $p_1=\frac{p-1}{2}, q_1=\frac{q-1}{2}$. 由定理 8.2.1, 有

$$\left(\frac{q}{p}\right)\left(\frac{p}{q}\right)=(-1)^r, \quad r=\sum_{k=1}^{p_1}\left[\frac{kq}{p}\right]+\sum_{k=1}^{q_1}\left[\frac{kp}{q}\right]. \tag{8.2.7}$$

考察有序数对 (u,v) 所成的集合

$$S=\{(u,v); u=py, v=qx, 1\leqslant x\leqslant p_1, 1\leqslant y\leqslant q_1\}.$$

显然 S 中有 $p_1q_1=\frac{p-1}{2}\cdot\frac{q-1}{2}$ 个元素. 由于 $(p,q)=1$, 所以, 对于任何 $(u,v)\in S, u\neq v$, 记

$$S_1=\{(u,v); (u,v)\in S, u>v\},$$

$$S_2=\{(u,v); (u,v)\in S, v>u\},$$

则

$$S_1\cap S_2=\varnothing, \quad S_1\cup S_2=S. \tag{8.2.8}$$

对于 $(u,v)\in S_1$, 有 $u>v$, 即

$$py>xq, \quad x<\frac{p}{q}y, \quad 1\leqslant y\leqslant q_1,$$

因此 S_1 中有 $\sum\limits_{y=1}^{q_1}\left[\dfrac{py}{q}\right]$ 个元素. 同理, S_2 中有 $\sum\limits_{x=1}^{p_1}\left[\dfrac{qx}{p}\right]$ 个元素, 所以

$$\frac{p-1}{2}\cdot\frac{q-1}{2}=\sum_{k=1}^{p_1}\left[\frac{kq}{p}\right]+\sum_{k=1}^{q_1}\left[\frac{kp}{q}\right]. \tag{8.2.9}$$

联合式 (8.2.7), 式 (8.2.8), 和式 (8.2.9), 有

$$\left(\frac{q}{p}\right)\left(\frac{p}{q}\right)=(-1)^{\frac{p-1}{2}\cdot\frac{q-1}{2}}. \tag{8.2.10}$$

这样, 我们得到了一个重要的结论.

定理 8.2.2 (二次互反律) 设 p 与 q 是不相同的两个素数, 则

$$\left(\frac{q}{p}\right)=(-1)^{\frac{p-1}{2}\cdot\frac{q-1}{2}}\left(\frac{p}{q}\right).$$ □

利用 8.1 节和本节中的定理, 可以判定素数模的二次同余方程的可解性. 一般地, 若 p 是素数,计算 Legendre 符号 $\left(\dfrac{n}{p}\right)$ 可按以下步骤进行:

(i) 求出 $n_0\equiv n(\bmod p), 1\leqslant n_0\leqslant p$;

(ii) 将 n_0 写成 $n_0=Q^2q_1q_2\cdots q_k$ 的形式, 其中 $Q\in\mathbf{Z}, q_1,q_2,\cdots,q_k$ 是互不相同的素数;

(iii) 若有某个 $q_i=2$, 用定理 8.2.1 推论判定 $\left(\dfrac{q_i}{p}\right)$ 之值;

(iv) 若 $q_i\neq 2$, 利用定理 8.2.2 将 $\left(\dfrac{q_i}{p}\right)$ 的计算转化为计算 $\left(\dfrac{p}{q_i}\right)$;

(v) 重复以上步骤, 直至求出每个 $\left(\dfrac{q_i}{p}\right)$;

(vi) 计算 $\left(\dfrac{q}{p}\right)=\prod\limits_{i=1}^{k}\left(\dfrac{q_i}{p}\right)$.

例 8.2.1 已知 563 是素数, 判定方程 $x^2\equiv 429(\bmod 563)$ 是否有解.

解 利用已有的定理, 有

$$\begin{aligned}\left(\frac{429}{563}\right)&=\left(\frac{3\cdot 11\cdot 13}{563}\right)=\left(\frac{3}{563}\right)\left(\frac{11}{563}\right)\left(\frac{13}{563}\right)\\&=(-1)^{\frac{3-1}{2}\cdot\frac{563-1}{2}}\left(\frac{563}{3}\right)(-1)^{\frac{11-1}{2}\cdot\frac{563-1}{2}}\left(\frac{563}{11}\right)(-1)^{\frac{13-1}{2}\cdot\frac{563-1}{2}}\left(\frac{563}{13}\right)\\&=\left(\frac{2}{3}\right)\left(\frac{2}{11}\right)\left(\frac{4}{13}\right)=(-1)(-1)=1.\end{aligned}$$

方程有解.

例 8.2.2　求所有的素数 p, 使得 $-2\in \mathrm{QR}(p), 3\in \mathrm{QR}(p)$.

解　若 $-2\in \mathrm{QR}(p)$, 则 $\left(\frac{-2}{p}\right)=1$, 因此,

$$\begin{cases}\left(\dfrac{-1}{p}\right)=1,\\ \left(\dfrac{2}{p}\right)=1,\end{cases} \quad 或 \quad \begin{cases}\left(\dfrac{-1}{p}\right)=-1,\\ \left(\dfrac{2}{p}\right)=-1,\end{cases} \tag{8.2.11}$$

所以, 由推论 8.2.1 和推论 8.1.1, 有

$$\begin{cases}p\equiv 1(\bmod 4),\\ p\equiv \pm 1(\bmod 8),\end{cases} \quad 或 \quad \begin{cases}p\equiv 3(\bmod 4),\\ p\equiv \pm 3(\bmod 8),\end{cases} \tag{8.2.12}$$

由式 (8.2.12) 中的第一组同余式, 得到

$$p\equiv 1(\bmod 8); \tag{8.2.13}$$

由式 (8.2.12) 中的第二组同余式, 得到

$$p\equiv 3(\bmod 8). \tag{8.2.14}$$

(i) 若式 (8.2.13) 成立, 并且 $3\in \mathrm{QR}(p)$. 由定理 8.2.2, 有

$$1=\left(\frac{3}{p}\right)=(-1)^{\frac{3-1}{2}\cdot\frac{p-1}{2}}\left(\frac{p}{3}\right)=\left(\frac{p}{3}\right),$$

因此 $p\equiv 1(\bmod 3)$. 由此及式 (8.2.13), 利用孙子定理得到

$$p\equiv 1(\bmod 24). \tag{8.2.15}$$

(ii) 若式 (8.2.14) 成立, 并且 $3\in \mathrm{QR}(p)$. 由定理 8.2.2, 有

$$1=\left(\frac{3}{p}\right)=(-1)^{\frac{3-1}{2}\cdot\frac{p-1}{2}}\left(\frac{p}{3}\right)=-\left(\frac{p}{3}\right),$$

因此 $p\equiv 2(\bmod 3)$. 由此及式 (8.2.14), 利用孙子定理得到

$$p\equiv 11(\bmod 24). \tag{8.2.16}$$

由式 (8.2.15) 与 (8.2.16) 可知所求的素数具有形式

$$p=24k+1 \quad 或 \quad p=24k+11, \quad k\in \mathbf{Z}.$$

例 8.2.3 证明: 形如 $8k+7(k\in\mathbf{Z})$ 的素数有无穷多个.

解 用反证法. 假设只有有限个形如 $8k+7(k\in\mathbf{Z})$ 的素数 $p_1,p_2,\cdots,p_t$. 记

$$N=(p_1p_2\cdots p_t)^2-2.$$

显然, $2\nmid N$. 设 q 是 N 的一个奇素因数, 则

$$(p_1p_2\cdots p_t)^2\equiv 2(\mathrm{mod}\ q),$$

因此, 由推论 8.2.1, 有 $q\equiv 1$ 或 $7(\mathrm{mod}\ 8)$.

若 N 的所有奇素因数都具有 $8k+1$ 的形式, 则 N 也是 $8k+1$ 的形式, 但是, 由于任何奇数的平方对模 8 与 1 同余, 所以应有

$$N\equiv 1-2\equiv -1(\mathrm{mod}\ 8).$$

这个矛盾说明, N 至少有一个形如 $8k+7$ 的奇素因数 q. 显然, $q\neq p_i(1\leqslant i\leqslant t)$, 这与个数有限的假设矛盾. 这个矛盾说明, 形如 $8k+7(k\in\mathbf{Z})$ 的素数有无穷多个.

例 8.2.4 证明: 形如 $8k+3(k\in\mathbf{Z})$ 的素数无穷多个.

解 用反证法. 假设只有有限个形如 $8k+3(k\in\mathbf{Z})$ 的素数 $p_1,p_2,\cdots,p_t$. 记

$$N=(p_1p_2\cdots p_t)^2+2.$$

设 q 是 N 的一个素因数, 显然 $q>2$. 由于 $-2\in\mathrm{QR}(q)$, 所以

$$\left(\frac{-2}{q}\right)=\left(\frac{-1}{q}\right)\left(\frac{2}{q}\right)=1.$$

考虑两种可能:

(i) $\left(\dfrac{-1}{q}\right)=1,\left(\dfrac{2}{q}\right)=1$, 则

$$q\equiv 1(\mathrm{mod}\ 4),\quad \text{并且 } q\equiv 1 \text{ 或 } 7(\mathrm{mod}\ 8),$$

这导出 $q\equiv 1(\mathrm{mod}\ 8)$.

(ii) $\left(\dfrac{-1}{q}\right)=-1,\left(\dfrac{2}{q}\right)=-1$, 则

$$q\equiv 3(\mathrm{mod}\ 4),\quad \text{并且 } q\equiv 3 \text{ 或 } 5(\mathrm{mod}\ 8),$$

这导出 $q\equiv 3(\mathrm{mod}\ 8)$.

这样, q 只能是 $8k+1$ 或 $8k+3$ 的形式. 由于 $p_i\equiv 3(\mathrm{mod}\ 3), p_i^2\equiv 1(\mathrm{mod}\ 8)(1\leqslant i\leqslant t)$, 所以, $N\equiv 3(\mathrm{mod}\ 8)$, 因此, N 的素因数不可能都是 $8k+1$ 的形式, 即至少

有一个 $q, q|N, q$ 具有 $8k+3$ 的形式. 显然 $q \neq p_i(1 \leqslant i \leqslant t)$. 这与个数有限的假设矛盾. 因此, 形如 $8k+3(k \in \mathbf{Z})$ 的素数无穷多个.

习　题　8.2

1. 已知 769 与 1013 是素数, 判定以下方程是否有解:

(i) $x^2 \equiv 1742 (\mathrm{mod}\ 769)$;

(ii) $x^2 \equiv 1503 (\mathrm{mod}\ 1013)$.

2. 求所有的素数 p, 使得下面的方程有解:

$$x^2 \equiv 11 (\mathrm{mod}\ p).$$

3. 求所有的素数 p, 使得 $-2 \in \mathrm{QR}(p), -3 \in \mathrm{QR}(p)$.

4. 设 $(x, y) = 1$, 试求 $x^2 - 3y^2$ 的奇素数因数的一般形式.

5. 证明: 形如 $8k+5(k \in \mathbf{Z})$ 的素数无穷多个.

6. 证明: 对于任意的奇素数 p, 总存在整数 n, 使得

$$p|(n^2+1)(n^2+2)(n^2-2).$$

8.3　Jacobi 符号

在上一节中我们看到, 对于奇素数 p, 利用计算 Legendre 符号可以判定方程

$$x^2 \equiv a (\mathrm{mod}\ p) \tag{8.3.1}$$

是否有解. 对于一般的正整数 m, 如果它的标准分解式是

$$m = p_1^{\alpha_1} p_2^{\alpha_2} \cdots p_k^{\alpha_k},$$

则判定方程

$$x^2 \equiv a (\mathrm{mod}\ m) \tag{8.3.2}$$

是否有解, 归结为对形如方程 (8.3.1)$(p = p_i, 1 \leqslant i \leqslant k)$ 的可解性判定. 因此, 在理论上, 利用 Legendre 符号可以判定方程 (8.3.2) 是否有解. 但是, 写出正整数的标准分解式常会遇到实际困难, 所以利用 Legendre 符号判定方程 (8.3.2) 的可解性并不常是容易实现的. 为此, 本节中要介绍一个更为切实可行的方法.

定义 8.3.1　给定正奇数 $m > 1, m = p_1 p_2 \cdots p_k$, 其中 $p_i(1 \leqslant i \leqslant k)$ 是奇素数, 对于任意的整数 a, 定义

$$\left(\frac{a}{m}\right) = \left(\frac{a}{p_1}\right)\left(\frac{a}{p_2}\right) \cdots \left(\frac{a}{p_k}\right),$$

其中右端的 $\left(\frac{a}{p_i}\right)(1\leqslant i\leqslant k)$ 是 Legendre 符号, 称 $\left(\frac{a}{m}\right)$ 是 Jacobi 符号.

例如, 取 $m=45=3\cdot3\cdot5$, 则

$$\left(\frac{2}{45}\right)=\left(\frac{2}{3}\right)\left(\frac{2}{3}\right)\left(\frac{2}{5}\right)=\left(\frac{2}{5}\right)=(-1)^{\frac{5^2-1}{8}}=-1,$$

$$\left(\frac{28}{45}\right)=\left(\frac{28}{3}\right)\left(\frac{28}{3}\right)\left(\frac{28}{5}\right)=\left(\frac{3}{5}\right)=(-1)^{\frac{3-1}{2}\cdot\frac{5-1}{2}}\left(\frac{5}{3}\right)=\left(\frac{2}{3}\right)=-1.$$

注 1 当 m 是奇素数时, Jacobi 符号就是 Legendre 符号. 前者是后者的推广.

注 2 如果 m 是奇素数, 当 $\left(\frac{a}{m}\right)=1$ 时, 方程 (8.3.2) 有解. 当 m 不是奇素数时, 这个结论不一定成立. 例如, 方程 $x^2\equiv5(\bmod 9)$ 无解, 但是

$$\left(\frac{5}{9}\right)=\left(\frac{5}{3}\right)\left(\frac{5}{3}\right)=1.$$

尽管如此, 利用 Jacobi 符号仍可对方程 (8.3.2) 的无解性给出判断. 事实上, 如果方程 (8.3.2) 有解, $m=p_1p_2\cdots p_k$, 则对于每个 $p_i(1\leqslant i\leqslant k)$, 当 $p=p_i$ 时方程 (8.3.1) 有解, 因此, 由 Jacobi 符号的定义可知 $\left(\frac{a}{m}\right)=1$. 这样, 若 $\left(\frac{a}{m}\right)=-1$, 则方程 (8.3.2) 必无解.

下面, 我们研究 Jacobi 符号的计算方法. 使用定义 8.3.1 中的符号, 下面的结论容易得到.

定理 8.3.1 (i) 若 $a\equiv a_1(\bmod m)$, 则

$$\left(\frac{a}{m}\right)=\left(\frac{a_1}{m}\right); \tag{8.3.3}$$

(ii) $\left(\frac{1}{m}\right)=1$;

(iii) 对于任意的整数 $a_1,a_2,\cdots,a_t$, 有

$$\left(\frac{a_1a_2\cdots a_t}{m}\right)=\left(\frac{a_1}{m}\right)\left(\frac{a_2}{m}\right)\cdots\left(\frac{a_t}{m}\right); \tag{8.3.4}$$

(iv) 对于任意的整数 $a,b,(a,m)=1$, 有

$$\left(\frac{a^2b}{m}\right)=\left(\frac{b}{m}\right). \tag{8.3.5}$$

□

下面我们将进一步考虑关于 Jacobi 符号的一些结论.

设 $a_i\equiv1(\bmod m),1\leqslant i\leqslant k,a=a_1a_2\cdots a_k$, 则存在整数 $b_i\in\mathbf{N}$, 使得 $a_i=1+b_im(1\leqslant i\leqslant k)$, 因此

$$a-1=a_1a_2\cdots a_k-1$$

$$= (1 + b_1 m)(1 + b_2 m) \cdots (1 + b_k m) - 1$$
$$= m(b_1 + b_2 + \cdots + b_k) + m^2 A,$$

其中 A 是某个整数. 于是

$$\frac{a-1}{m} \equiv b_1 + b_2 \cdots + b_k$$
$$= \frac{a_1 - 1}{m} + \frac{a_2 - 1}{m} + \cdots + \frac{a_k - 1}{m} (\bmod m).$$

所以有如下结论.

引理 8.3.1 设 $a_i \equiv 1(\bmod m), 1 \leqslant i \leqslant k, a = a_1 a_2 \cdots a_k$, 则

$$\frac{a-1}{m} \equiv \frac{a_1 - 1}{m} + \cdots + \frac{a_k - 1}{m} (\bmod m). \tag{8.3.6}$$

□

设 $m = p_1 p_2 \cdots p_k$ 是奇数, 其中 $p_1, p_2, \cdots p_k$ 是素数, 由定义 8.3.1 及定理 8.1.3, 有

$$\left(\frac{-1}{m}\right) = \prod_{i=1}^{k} \left(\frac{-1}{p_i}\right) = (-1)^{\frac{p_1-1}{2} + \frac{p_2-1}{2} + \cdots + \frac{p_k-1}{2}},$$

由定义 8.3.1 及定理 8.2.1, 有

$$\left(\frac{2}{m}\right) = \prod_{i=1}^{k} \left(\frac{2}{p_i}\right) = (-1)^{\frac{p_1^2-1}{8} + \frac{p_2^2-1}{8} + \cdots + \frac{p_k^2-1}{8}},$$

再结合式 (8.3.6), 我们可以得到如下结论.

定理 8.3.2 设 $m = p_1 p_2 \cdots p_k$ 是奇数, 其中 $p_1, p_2, \cdots p_k$ 是素数, 则下面的结论成立:

(i) $\left(\frac{-1}{m}\right) = (-1)^{\frac{m-1}{2}}$;

(ii) $\left(\frac{2}{m}\right) = (-1)^{\frac{m^2-1}{8}}$. □

定理 8.3.3 设 m, n 是大于 1 的奇整数, 则

$$\left(\frac{n}{m}\right) = (-1)^{\frac{m-1}{2} \cdot \frac{n-1}{2}} \left(\frac{m}{n}\right). \tag{8.3.7}$$

证明 若 $(m, n) > 1$, 则由定义 8.3.1 可知式 (8.3.7) 成立.

若 $(m, n) = 1$, 设

$$m = p_1 p_2 \cdots p_k, \quad n = q_1 q_2 \cdots p_l,$$

其中 $p_i, q_j(1 \leqslant i \leqslant k, 1 \leqslant j \leqslant l)$ 都是素数, $(p_i, q_j) = 1(1 \leqslant i \leqslant k, 1 \leqslant j \leqslant l)$, 则由定义 8.3.1 及定理 8.2.2, 有

$$\begin{aligned}\left(\frac{n}{m}\right) &= \prod_{i=1}^{k}\left(\frac{n}{p_i}\right) = \prod_{i=1}^{k}\prod_{j=1}^{l}\left(\frac{q_j}{p_i}\right) \\ &= \prod_{i=1}^{k}\prod_{j=1}^{l}(-1)^{\frac{p_i-1}{2}\cdot\frac{q_j-1}{2}}\left(\frac{p_i}{q_j}\right) \\ &= \prod_{i=1}^{k}\prod_{j=1}^{l}(-1)^{\frac{p_i-1}{2}\frac{q_j-1}{2}}\prod_{i=1}^{k}\prod_{j=1}^{l}\left(\frac{p_i}{q_j}\right) \\ &= (-1)^{\delta}\prod_{i=1}^{k}\left(\frac{p_i}{n}\right) = (-1)^{\delta}\left(\frac{m}{n}\right), \end{aligned} \tag{8.3.8}$$

其中

$$\delta = \sum_{i=1}^{k}\sum_{j=1}^{l}\frac{p_i-1}{2}\frac{q_j-1}{2}.$$

由引理 8.3.1, 因为 $2 \nmid n, 2 \nmid m$, 我们见到

$$\delta = \sum_{i=1}^{k}\frac{p_i-1}{2}\sum_{j=1}^{l}\frac{q_j-1}{2} \equiv \sum_{i=1}^{k}\frac{p_i-1}{2}\cdot\frac{n-1}{2} \equiv \frac{m-1}{2}\cdot\frac{n-1}{2} \pmod 2.$$

将此式代入式 (8.3.8), 得到式 (8.3.7). □

利用以上定理, 我们可以很容易地计算 Jacobi 符号, 特别是 Legendre 符号的数值. 但是, 必须注意, 如同在定义 8.3.1 的注 2 中指出的, 在判断方程 (8.3.2) 的可解性时, Legendre 符号和 Jacobi 的作用是不一样的. 对于一般的正奇数 m 来说, $\left(\frac{a}{m}\right) = 1$ 并不能保证方程 (8.3.2) 有解.

例 8.3.1 设 a 与 b 是正奇数, 求 $\left(\frac{2a}{4a+b}\right)$ 与 $\left(\frac{b}{a}\right)$ 的关系.

解 我们有

$$\begin{aligned}\left(\frac{2a}{4a+b}\right) &= \left(\frac{2}{4a+b}\right)\left(\frac{a}{4a+b}\right) = (-1)^{\frac{(4a+b)^2-1}{8}}\left(\frac{a}{4a+b}\right) \\ &= (-1)^{ab+\frac{b^2-1}{8}}(-1)^{\frac{a-1}{2}\cdot\frac{4a+b-1}{2}}\left(\frac{4a+b}{a}\right) \\ &= (-1)^{1+\frac{b^2-1}{8}+\frac{a-1}{2}\cdot\frac{b-1}{2}}\left(\frac{b}{a}\right).\end{aligned}$$

例 8.3.2 已知 3371 是素数, 判断方程

$$x^2 \equiv 12345 \pmod{3371} \tag{8.3.9}$$

是否有解.

解 利用 Jacobi 符号的性质, 有

$$\begin{aligned}\left(\frac{12345}{3371}\right)&=\left(\frac{2232}{3371}\right)=\left(\frac{2}{3371}\right)\left(\frac{4}{3371}\right)\left(\frac{279}{3371}\right)\\&=(-1)^{\frac{3371^2-1}{8}}(-1)^{\frac{3371-1}{2}\cdot\frac{279-1}{2}}\left(\frac{23}{279}\right)\\&=\left(\frac{23}{279}\right)=(-1)^{\frac{279-1}{2}\cdot\frac{23-1}{2}}\left(\frac{279}{23}\right)\\&=-\left(\frac{3}{23}\right)=-(-1)^{\frac{23-1}{2}\cdot\frac{3-1}{2}}\left(\frac{23}{3}\right)=-1.\end{aligned}$$

因此, 方程 (8.3.9) 无解.

注 3 在上面例题中, 如果用计算 Legendre 符号的数值来判定方程的可解性, 将比这里的方法繁复许多.

例 8.3.3 设 n 是奇数, 则存在数 $b, (b,n)=1$, 使得

$$b^{\frac{n-1}{2}}\not\equiv\left(\frac{b}{n}\right)(\bmod n), \tag{8.3.10}$$

解 分两种情况考虑:

(i) 存在奇素数 $p, p^2\,|n$. 取 $b=1+\dfrac{n}{p}$, 设 $n=kp^2$, 则 $(b,n)=(1+kp,kp^2)=(1+kp,-p)=(1,-p)=1$, 同时

$$\left(\frac{b}{n}\right)=\left(\frac{1+kp}{kp^2}\right)=\left(\frac{1+kp}{k}\right)\left(\frac{1+kp}{p^2}\right)=\left(\frac{1}{k}\right)=1.$$

另一方面, 由

$$b^{\frac{n-1}{2}}=(1+kp)^{\frac{n-1}{2}}\equiv 1+\frac{n-1}{2}kp(\bmod n)$$

及 $p\nmid\dfrac{n-1}{2}$ 可知 $b^{\frac{n-1}{2}}\not\equiv 1(\bmod n)$.

(ii) $n=p_1\cdots p_s$, 其中诸 p_i 是不相同的奇素数. 任取 $a\in\mathrm{QNR}(p_1)$, 并利用孙子定理求出 b, 使得

$$b\equiv a(\bmod p_1),\quad b\equiv 1(\bmod p_2\cdots p_s),$$

则

$$\left(\frac{b}{n}\right)=\left(\frac{b}{p_1}\right)\left(\frac{b}{p_2\cdots p_s}\right)=-1,$$

但是, 由于 $b^{\frac{n-1}{2}}\equiv 1(\bmod p_2\cdots p_s)$, 所以, 不可能有 $b^{\frac{n-1}{2}}\equiv -1(\bmod n)$, 即 (8.3.10) 式成立.

习 题 8.3

1. 证明定理 8.3.1 的结论 (ii), (iii), (iv).
2. 已知 3019 是素数, 判定方程 $x^2 \equiv 374 \pmod{3019}$ 是否有解.
3. 设奇素数为 $p = 4n + 1$ 型, 且 $d|n$, 证明: $\left(\dfrac{d}{p}\right) = 1$.
4. 设 p, q 是两个不同的奇素数, 且 $p = q + 4a$, 证明: $\left(\dfrac{a}{p}\right) = \left(\dfrac{a}{q}\right)$.
5. 设 $a > 0, b > 0, b$ 为奇数, 证明:

$$\left(\frac{a}{2a+b}\right) = \begin{cases} \left(\dfrac{a}{b}\right), & \text{当 } a \equiv 0, 1 \pmod 4, \\ -\left(\dfrac{a}{b}\right), & \text{当 } a \equiv 2, 3 \pmod 4. \end{cases}$$

6. 设 a, b, c 是正整数, $(a, b) = 1, 2 \nmid b, b < 4ac$, 求 $\left(\dfrac{a}{4ac - b}\right)$ 与 $\left(\dfrac{a}{b}\right)$ 的关系.

第 9 章　原　　根

原根是数论的理论及其应用中一个很重要的概念. 本章要介绍原根以及与它有关的基本知识.

9.1　指数及其基本性质

定义 9.1.1　设 $m > 1$, $(a, m) = 1$, 称使

$$a^r \equiv 1 (\bmod m) \tag{9.1.1}$$

成立的最小的正整数 r 为 a 对模 m 的指数, 记为$\delta_m(a)$; 在不致误会的情况下, 简记为$\delta(a)$.

由 Euler 定理, 当 $r = \varphi(m)$ 时式 (9.1.1) 成立, 因此, 恒有$\delta_m(a) \leqslant \varphi(m)$.

若 $a \equiv b \pmod m$, $(a, m) = 1$, 则显然有$\delta_m(a) = \delta_m(b)$.

定义 9.1.2　若$\delta_m(a) = \varphi(m)$, 则称 a 是模 m 的原根.

例如, 当 m=7 时, 因为

$$2^1 \equiv 2, \quad 2^2 \equiv 4, \quad 2^3 \equiv 1 \pmod 7,$$

所以$\delta_7(2) = 3$. 又因为

$$3^1 \equiv 3, \quad 3^2 \equiv 2, \quad 3^3 \equiv 6, \quad 3^4 \equiv 4, \quad 3^5 \equiv 5, \quad 3^6 \equiv 1 \pmod 7,$$

所以$\delta_7(3)=6=\varphi(7)$, 3 是模 7 的原根.

以后, 在谈到 a 对模 m 的指数时, 总假定 $m>1$, $(a, m)=1$.

记 $\delta=\delta_m(a)$, 则 $a^0, a^1, \cdots, a^{\delta-1}$ 对模 m 两两不同余. 事实上, 若有 $0 \leqslant i < j \leqslant \delta - 1$, 使得 $a^i \equiv a^j (\bmod m)$, 则由 $(a, m) = 1$ 得到

$$a^{j-i} \equiv 1 \pmod m,$$

这与$\delta = \delta_m(a)$ 的定义是矛盾的.

由此及原根的定义, 容易得到如下结论.

定理 9.1.1　若 g 是模 m 的原根, 则

$$g^0, g^1, \cdots, g^{\varphi(m)-1}$$

构成模 m 的简化剩余系. □

记 $\delta=\delta_m(a)$, 设 $r>r'$ 是正整数. 因为 $(a, m)=1$, 所以

$$a^r \equiv a^{r'} \pmod m \tag{9.1.2}$$

等价于

$$a^{r-r'} \equiv 1 \pmod m. \tag{9.1.3}$$

记 $r-r'=q\delta+t$, $q\in\mathbf{N}$, $0\leqslant t<\delta$, 则由定义 9.1.1, 有

$$a^t \equiv a^{q\delta+t} = a^{r-r'} \equiv 1 \pmod m.$$

由$\delta_m(a)$ 的定义可知 $t=0$, 即$\delta|r-r'$, 也即

$$r \equiv r' \pmod \delta. \tag{9.1.4}$$

成立.

反过来, 若式 (9.1.4) 成立, 则存在 $q\in\mathbf{N}$, 使得 $r-r'=q\delta$, 则由定义 9.1.1, 有

$$a^{r-r'} = a^{q\delta} \equiv 1 \pmod m,$$

即式 (9.1.3) 成立, 从而式 (9.1.2) 成立. 据上面的分析, 我们可以得到如下结论.

定理 9.1.2 设$\delta=\delta_m(a)$, r 与 r' 是正整数, 则

$$a^r \equiv a^{r'} \pmod m$$

的充要条件是

$$r \equiv r' \pmod \delta.$$

特别地, $a^r \equiv 1 \pmod m$ 的充要条件是$\delta|r$. □

由此定理及 Euler 定理可得到如下结论.

推论 9.1.1 $\delta_m(a)|\varphi(m)$. □

设 k 是非负整数, 记 $\delta=\delta_m(a)$, $\delta'=\delta_m(a^k)$, $\delta''=\dfrac{\delta}{(\delta,\ k)}$, 则由定理 9.1.2 及

$$a^{k\delta''} \equiv 1 \pmod m$$

得到

$$\delta'|\delta''. \tag{9.1.5}$$

另一方面, 由

$$a^{k\delta'} = (a^k)^{\delta'} \equiv 1 \pmod m$$

可知 $\delta|k\delta'$, 因此

$$\delta''=\frac{\delta}{(\delta,\ k)}\left|\frac{k\delta'}{(\delta,\ k)}\right.. \tag{9.1.6}$$

由于$\left(\dfrac{\delta}{(\delta,k)},\ \dfrac{k}{(\delta,k)}\right)=1$, 所以由式 (9.1.6) 可以推出 $\delta''|\delta'$. 由此及式 (9.1.5) 得到 $\delta''=\delta'$. 这样, 我们证明了下面的定理.

定理 9.1.3　设 k 是非负整数, 则

$$\delta_m(a^k)=\frac{\delta_m(a)}{(\delta_m(a),\ k)}.$$ □

推论 9.1.2　若 $\delta_m(a)=kl,k>0,\ l>0$, 则 $\delta_m(a^k)=l$. □

记

$$\delta_1=\delta_m(a),\quad \delta_2=\delta_m(b),\quad \delta_3=\delta_m(ab),\quad \lambda=[\delta_1,\delta_2].$$

若 $\delta_3=\delta_1\delta_2$, 则 $\lambda|\delta_1\delta_2=\delta_3$. 由 λ 的定义和定理 9.1.2, 以及

$$(ab)^\lambda=a^\lambda b^\lambda\equiv 1\ (\mathrm{mod}\ m)$$

又得到 $\delta_3|\lambda$. 因此 $\delta_3=\lambda$, 即 $\delta_1\delta_2=[\delta_1,\ \delta_2]$, 所以 $(\delta_1,\ \delta_2)=1$.

另一方面, 若 $(\delta_1,\delta_2)=1$ 成立, 则由定理 9.1.2 及

$$1\equiv[(ab)^{\delta_3}]^{\delta_2}\equiv(ab)^{\delta_3\delta_2}\equiv a^{\delta_3\delta_2}\ (\mathrm{mod}\ m)$$

得到 $\delta_1|\delta_2\delta_3$, 从而 $\delta_1|\delta_3$. 同理可推出 $\delta_2|\delta_3$. 所以

$$\lambda=[\delta_1,\delta_2]|\delta_3.$$

但是 $[\delta_1,\delta_2]=\delta_1\delta_2$, 所以

$$\delta_1\delta_2|\delta_3.$$

由定理 9.1.2 及

$$(ab)^{\delta_1\delta_2}\equiv 1\ (\mathrm{mod}\ m)$$

得到$\delta_3|\delta_1\delta_2$. 所以$\delta_3=\delta_1\delta_2$.

综合上面的分析, 得到如下结论.

定理 9.1.4　等式

$$\delta_m(ab)=\delta_m(a)\delta_m(b)$$

与

$$(\delta_m(a),\delta_m(b))=1$$

是等价的. □

例 9.1.1 求 1, 2, 3, 4, 5, 6 对模 7 的指数.

解 根据定义 9.1.1 直接计算, 得到

$$\delta_7(1)=1,\quad \delta_7(2)=3,\quad \delta_7(3)=6,$$

$$\delta_7(4)=3,\quad \delta_7(5)=6,\quad \delta_7(6)=2.$$

例 9.1.1 中的结果可列表如下:

a	1	2	3	4	5	6
$\delta_7(a)$	1	3	6	3	6	2

这样的表称为指数表. 这个表就是模 7 的指数表.

下面是模 10 的指数表:

a	1	3	7	9
$\delta_{10}(a)$	1	4	4	2

例 9.1.2 若 $(a,m)=1$, $aa'\equiv 1 \pmod m$, 则

$$\delta_m(a)=\delta_m(a').$$

解 显然 $(a',m)=1$. 要证明的结论由

$$a^d\equiv 1 \pmod m \Leftrightarrow (a')^d\equiv 1 \pmod m$$

即可得出.

例 9.1.3 若 $n|m$, 则$\delta_n(a)|\delta_m(a)$.

解 由 $n|m$ 及定理 9.1.2 有

$$a^{\delta_m(a)}\equiv 1 \pmod m \Rightarrow a^{\delta_m(a)}\equiv 1 \pmod n \Rightarrow \delta_n(a)|\delta_m(a).$$

例 9.1.4 若 $(m,n)=1$, $(a,mn)=1$, 则

$$\delta_{mn}(a)=[\delta_m(a),\delta_n(a)]. \tag{9.1.7}$$

解 记 $\delta=\delta_{mn}(a)$, $\delta'=[\delta_m(a),\ \delta_n(a)]$, 由例 9.1.3 有

$$\delta_m(a)|\delta,\ \delta_n(a)|\delta \Rightarrow \delta'|\delta. \tag{9.1.8}$$

又由

$$a^{\delta'}\equiv 1 \pmod m,\quad a^{\delta'}\equiv 1 \pmod n$$

得到

$$a^{\delta'} \equiv 1 \pmod{mn}.$$

因此, 由定理 9.1.2, 有 $\delta|\delta'$. 由此及式 (9.1.8) 推出式 (9.1.7).

例 9.1.5 若 $(m, n)=1$, a_1, a_2 是任意整数, $(a_1, m)=(a_2, n)=1$, 则存在整数 a, $(a, mn)=1$, 使得

$$\delta_{mn}(a) = [\delta_m(a_1), \delta_n(a_2)].$$

解 设方程组

$$\begin{cases} x \equiv a_1 \pmod{m}, \\ x \equiv a_2 \pmod{n} \end{cases}$$

的解是 $x \equiv a \pmod{mn}$, 则 $(a, mn) = 1$, 并且由例 9.1.4 可知

$$\delta_{mn}(a) = [\delta_m(a), \delta_n(a)] = [\delta_m(a_1), \delta_n(a_2)].$$

习 题 9.1

1. 写出模 11 的指数表.
2. 求模 14 的全部原根.
3. 设 $m>1$, 模 m 有原根, d 是$\varphi(m)$ 的任一个正因数, 证明: 在模 m 的简化剩余系中, 恰有$\varphi(d)$ 个指数为 d 的整数, 并由此推出模 m 的简化剩余系中恰有 $\varphi(\varphi(m))$ 个原根.
4. 设 $m \geqslant 3$, g 是模 m 的原根, $x_1, x_2, \cdots, x_{\varphi(m)}$ 是模 m 的简化剩余系, 证明:

(i) $g^{\frac{\varphi(m)}{2}} \equiv -1 \pmod{m}$;

(ii) $x_1x_2\cdots x_{\varphi(m)} \equiv -1 \pmod{m}$.

5. 设 $p = 2^n + 1$ 是一个奇素数, 证明: 模 p 的全部二次非剩余就是模 p 的全部原根.

9.2 原根与指标

以下, 为了叙述方便, 对于正整数 n, 设它的标准分解式是

$$n = 2^{\alpha} p_1^{\alpha_1} p_2^{\alpha_2} \cdots p_k^{\alpha_k},$$

其中 $p_i (1 \leqslant i \leqslant k)$ 是奇素数. 记

$$\lambda(n) = [\varphi(2^{\alpha}),\ \varphi(p_1^{\alpha_1}),\ \varphi(p_2^{\alpha_2}),\ \cdots,\ \varphi(p_k^{\alpha_k})].$$

下面我们来讨论存在原根的模 m 的可能形式.

设

$$m = 2^{\alpha} p_1^{\alpha_1} p_2^{\alpha_2} \cdots p_k^{\alpha_k} \quad (\alpha \geqslant 2, k \geqslant 1), \tag{9.2.1}$$

其中 $p_i(1\leqslant i\leqslant k)$ 是奇素数, $\alpha_i(1\leqslant i\leqslant k)$ 是正整数.

对于任意的 a, $(a, m)=1$, 有

$$\begin{aligned}
&a^{\varphi(2^\alpha)}\equiv 1 \pmod{2^\alpha},\\
&a^{\varphi(p_i^{\alpha_i})}\equiv 1 \pmod{p_i^{\alpha_i}}, \qquad 1\leqslant i\leqslant k,\\
&a^{\lambda(m)}\equiv 1 \pmod{2^\alpha},\\
&a^{\lambda(m)}\equiv 1 \pmod{p_i^{\alpha_i}}, \qquad 1\leqslant i\leqslant k,\\
&a^{\lambda(m)}\equiv 1 \pmod{m}.
\end{aligned} \tag{9.2.2}$$

容易验证

$$\lambda(m)<\varphi(m).$$

因此, 由式 (9.2.2) 可知, 任何与 m 互素的数 a 不是模 m 的原根.

同样可以知道, 若 m 是形如

$$m=2^\alpha \quad (\alpha\geqslant 3), \tag{9.2.3}$$

或

$$m=2^\alpha p_1^{\alpha_1}p_2^{\alpha_2}\cdots p_k^{\alpha_k} \quad (\alpha\geqslant 0, k\geqslant 2) \tag{9.2.4}$$

的数, 模 m 也没有原根. 因此, 我们可以得到模 m 有原根的必要条件.

定理 9.2.1 模 m 有原根的必要条件是 m =2, 4, p^α 或 $2p^\alpha$, 其中 p 是奇素数, $\alpha\geqslant 1$. □

下面我们要研究模 m 有原根的充分条件.

当 m=2 或 4 时, 原根的存在性容易直接验证：1 是模 2 的原根, 3 是模 4 的原根.

对于奇素数 p, 记

$$\delta=[\delta_p(1),\delta_p(2),\cdots,\delta_p(p-1)].$$

由推论 9.1.1 得到

$$\delta_p(j)|p-1, \quad 1\leqslant j\leqslant p-1, \quad \delta|p-1. \tag{9.2.5}$$

另一方面, 由指数的定义可知

$$x^\delta-1\equiv 0 \pmod{p}$$

有解 $x\equiv i \pmod{p}$, $1\leqslant i\leqslant p-1$. 所以, $p-1\leqslant\delta$. 由此及式 (9.2.5), 得到 $p-1=\delta$. 这样, 如果模 p 有原根, 就应该存在数 g, 使得

$$\delta_p(g)=\delta=[\delta_p(1),\delta_p(2),\cdots\delta_p(p-1)]. \tag{9.2.6}$$

由习题 1.5 第 4 题我们知道, 对任意的整数 a, b, 存在正整数λ_1, λ_2, μ_1, μ_2, 使得

$$\delta_m(a)=\lambda_1\lambda_2,\quad \delta_m(b)=\mu_1\mu_2,\quad (\lambda_2,\mu_2)=1,$$
$$[\delta_m(a),\delta_m(b)]=\lambda_2\mu_2.$$

由推论 9.1.2 知道

$$\delta_m(a^{\lambda_1})=\lambda_2,\quad \delta_m(b^{\mu_1})=\mu_2,$$

因此,

$$\delta_m(a^{\lambda_1}b^{\mu_1})=\delta_m(a^{\lambda_1})\delta_m(b^{\mu_1})=\lambda_2\mu_2=[\delta_m(a),\delta_m(b)].$$

由此可见, 对任意的整数 a, b, 一定存在整数 $c=a^{\lambda_1}b^{\mu_1}$, 使得

$$\delta_m(c)=[\delta_m(a),\delta_m(b)].$$

由此及归纳法容易得到, 存在整数 g, $(g, p)=1$, 使得 (9.2.6) 式成立.

综合以上, 我们可得到如下结论.

定理 9.2.2　若 p 是奇素数, 则模 p 有原根. □

设 g 是模 p 的原根, 则 $(g, p)=1$. 于是存在整数 x_0, 使得

$$g^{p-1}=1+px_0,$$

因此, 对于任意的整数 t, 有

$$(g+pt)^{p-1}=g^{p-1}+p(p-1)tg^{p-2}+\cdots=1+p(x_0-g^{p-2}t)+p^2Q_2,$$

其中 $Q_2\in\mathbf{Z}$, 即

$$(g+pt)^{p-1}\equiv 1+p(x_0-g^{p-2}t)\ (\mathrm{mod}\ p^2). \tag{9.2.7}$$

取

$$t_0=0,\quad \text{当}p\nmid x_0;$$
$$t_0=1,\quad \text{当}p|x_0,$$

则 $p\nmid x_0-g^{p-2}t_0=y_0$, 于是

$$(g+pt_0)^{p-1}=1+py_0\not\equiv 1\ (\mathrm{mod}\ p^2),\quad p\nmid y_0. \tag{9.2.8}$$

由式 (9.2.8), 有

$$(g+pt_0)^{p(p-1)}=(1+py_0)^p=1+p^2y_1,$$

其中

$$y_1=y_0+\mathrm{C}_p^2y_0^2+\cdots+p^{p-2}y_0^p\equiv y_0\ (\mathrm{mod}\ p). \tag{9.2.9}$$

因此, $p \nmid y_1$. 类似地, 由式 (9.2.9) 可以依次得到

$$\begin{aligned}(g+pt_0)^{p^2(p-1)} &= (1+p^2y_1)^p = 1+p^3y_2,\\ (g+pt_0)^{p^3(p-1)} &= (1+p^3y_1)^p = 1+p^4y_3,\\ &\cdots\cdots\\ (g+pt_0)^{p^{\alpha-1}(p-1)} &= (1+p^{\alpha-1}y_1)^p = 1+p^\alpha y_{\alpha-1},\end{aligned} \tag{9.2.10}$$

其中 $y_{\alpha-1} \equiv y_{\alpha-2} \equiv \cdots \equiv y_0 \pmod p$. 不妨设$\alpha>1$, 因此

$$p \nmid y_i, \quad 0 \leqslant i \leqslant \alpha-1. \tag{9.2.11}$$

由于 g 是模 p 的原根, 所以 $g+pt_0$ 也是模 p 的原根, 设 $g+pt_0$ 对模 p^α 的指数是 δ, 则有

$$(g+pt_0)^\delta \equiv 1 \pmod{p^\alpha},$$

$$(g+pt_0)^\delta \equiv 1 \pmod{p},$$

因此, 由指数的性质可知 $\delta_p(g+pt_0)|\delta$, 即 $p-1|\delta$. 另一方面, 由 δ 的定义, 有$\delta|\varphi(p^\alpha)=p^{\alpha-1}(p-1)$, 所以

$$\delta = p^{r-1}(p-1), \quad 1 \leqslant r \leqslant \alpha,$$

即

$$(g+pt)^{p^{r-1}(p-1)} \equiv 1 \pmod{p^\alpha}. \tag{9.2.12}$$

由式 (9.2.10), 有

$$(g+pt)^{p^{r-1}(p-1)} = 1+p^r y_{r-1},$$

所以, 由上式及式 (9.2.12) 推出

$$1+p^r y_{r-1} \equiv 1 \pmod{p^\alpha},$$

$$p^r y_{r-1} \equiv 0 \pmod{p^\alpha}.$$

由此及式 (9.2.11) 得到 $r \geqslant \alpha$. 所以 $r=\alpha$, 即 $g+pt_0$ 是模 p^α 的原根. 这证明了下面的定理.

定理 9.2.3 设 p 是奇素数, α是正整数, 则模 p^α 有原根. □

设 g 是模 p^α 的原根, 则 $g+p^\alpha$ 也是模 p^α 的原根, 以 g_1 表示 g 与 $g+p^\alpha$ 中的奇数, 则

$$g_1^{\varphi(p^\alpha)} \equiv 1 \pmod{p^\alpha}, \quad g_1 \equiv 1 \pmod 2,$$

因为 $(2, p)=1$, $\varphi(p^\alpha)=\varphi(2p^\alpha)$, 所以

$$g_1^{\varphi(2p^\alpha)} \equiv 1 \pmod{2p^\alpha}. \tag{9.2.13}$$

我们指出, 不存在正整数 $r<\varphi(2p^{\alpha})$, 使得

$$g_1^r \equiv 1 \pmod{2p^{\alpha}}.$$

否则, 由上式得到

$$(g_1, p^{\alpha}) = 1, \quad g_1^r \equiv 1 \pmod{p^{\alpha}},$$

从而 g_1 不能是模 p^{α} 的原根.

所以 $\delta_{2p^{\alpha}}(g_1) = \varphi(2p^{\alpha})$, 即 g_1 是模 $2p^{\alpha}$ 的原根. 因此, 有如下结论.

定理 9.2.4　设 p 是奇素数, $\alpha \geqslant 1$, 则模 $2p^{\alpha}$ 有原根. □

由定理 9.2.3 和定理 9.2.4, 我们得到了模 m 有原根的充分条件.

定理 9.2.5　设 p 是奇素数, m=2, 4, p^{α},$2p^{\alpha}$, 则模 m 有原根. □

设 $m>1$, $\varphi(m)$ 的所有不同的素因数是 $p_1, p_2, \cdots, p_k$, $(g, m) = 1$, 若 g 是模 m 的原根, 则显然有

$$g^{\frac{\varphi(m)}{p_i}} \not\equiv 1 \pmod{m}, \quad 1 \leqslant i \leqslant k. \tag{9.2.14}$$

反过来, 若式 (9.2.14) 成立. 记 $\delta=\delta_m(g)$, 则有$\delta|\varphi(m)$. 若$\delta<\varphi(m)$, 则 $\dfrac{\varphi(m)}{\delta}>1$, 所以, 必有某个 $p_i(1\leqslant i\leqslant k)$, 使得 $p_i|\dfrac{\varphi(m)}{\delta}$, 因此

$$\delta|\frac{\varphi(m)}{p_i}, \quad g^{\frac{\varphi(m)}{p_i}} \equiv 1 \pmod{m},$$

这与式 (9.2.14) 矛盾. 因此$\delta=\varphi(m)$, 即 g 是模 m 的原根. 因此, 可得到如下结论.

定理 9.2.6　设 $m>1$, $\varphi(m)$ 的所有不同的素因数是 $p_1, p_2, \cdots, p_k$, $(g, m) = 1$, 则 g 是模 m 的原根的充要条件是

$$g^{\frac{\varphi(m)}{p_i}} \not\equiv 1 \pmod{m}, \quad 1 \leqslant i \leqslant k. \tag{9.2.15}$$

□

定义 9.2.1　对于整数 a, $(a, m) = 1$, 若

$$a \equiv g^{\gamma} \pmod{m}, \quad 0 \leqslant \gamma < \varphi(m),$$

则称 γ 是以 g 为底的 a 对模 m 的指标, 记为 $\gamma = \mathrm{ind}_g a$.

在不致引起误会的情况下, 我们将略去记号 g, 即记 $\gamma = \mathrm{ind} a$, 并称为 a 对模 m 的指标.

以下结论是容易得到的.

定理 9.2.7　设 $(a, m) = 1$, $\gamma_0 = \mathrm{ind}_g a$, 则对任意的 γ_1, $g^{\gamma_0} \equiv g^{\gamma_1} \pmod{m}$, 与 $\gamma_0 \equiv \gamma_1 (\mathrm{mod}\ \varphi(m))$ 是等价的.

定理 9.2.8 下面的结论成立:

(i) $\text{ind}(ab) \equiv \text{ind}(a) + \text{ind}(b)(\text{mod } \varphi(m))$;

(ii) $\text{ind}_{g_1}g_2 \cdot \text{ind}_{g_2}g_1 \equiv 1(\text{mod } \varphi(m))$, 其中 g_1 与 g_2 都是模 m 的原根. □

证明 (i) 由定理 9.2.7 得出.

(ii) $\gamma_1 = \text{ind}_{g_1}g_2, \gamma_2 = \text{ind}_{g_2}g_1$, 则

$$g_1^{\gamma_1} \equiv g_2 \ (\text{mod } m), \quad g_2^{\gamma_2} \equiv g_1 \ (\text{mod } m),$$

因此,

$$g_1^{\gamma_1\gamma_2} \equiv g_1 \ (\text{mod } m)$$

由此及定理 9.2.7 推出 $\gamma_1\gamma_2 \equiv 1(\text{mod } \varphi(m))$.

推论 9.2.1 下面的结论成立:

(i) 对于模 m 的任意的原根 g,

$$\text{ind}_g 1 \equiv 0(\text{mod } \varphi(m));$$

(ii) 对于任意的正整数 k 及 a, $(a, m) = 1$,

$$\text{ind}a^k \equiv k \cdot \text{ind}a(\text{mod } \varphi(m)).$$

定理 9.2.9 设 g 是模 m 的原根, $(a, m) = 1$, k 是正整数, 则方程 $x^k \equiv a(\text{ mod } m)$ 有解的充分必要条件是 $(k, \varphi(m))|\text{ind}a$, 若有解, 则解的个数是 $(k, \varphi(m))$.

证明 设 $x \equiv g^y \ (\text{mod } m)$, 则 $x^k \equiv a(\text{mod} m)$ 等价于 $ky \equiv \text{ind}a(\text{mod}\varphi(m))$, 则利用同余方程知识易知结论成立.

例 9.2.1 求模 7 的原根.

解 由例 9.1.1 可知模 7 有两个原根 3 和 5.

例 9.2.2 已知 5 是模 23 的原根, 解同余方程

$$x^8 \equiv 18 \ (\text{mod } 23). \tag{9.2.16}$$

解 由定理 9.1.1, 5^i (mod 23)($i = 0, 1, 2, \cdots, 21$) 构成模 23 的简化系, 列表为

i	0	1	2	3	4	5	6	7	8	9	10
5^i(mod 23)	1	5	2	10	4	20	8	17	16	11	9

i	11	12	13	14	15	16	17	18	19	20	21
5^i(mod 23)	22	18	21	13	19	3	15	6	7	12	14

由上表可知 $5^{12}\equiv 18 \pmod{23}$.

设 $x\equiv 5^y \pmod{23}$, $0\leqslant y\leqslant 22$, 则方程 (9.2.16) 等价于

$$8y\equiv 12 \pmod{22}. \tag{9.2.17}$$

因为 $(8, 22)=2|12$, 所以方程 (9.2.17) 有两个解:

$$y_1\equiv 7,\ y_2\equiv 18 \pmod{22}.$$

因此, 方程 (9.2.16) 有两个解

$$x_1\equiv 5^7\equiv 17, x_2\equiv 5^{18}\equiv 6 \pmod{23}.$$

注 1 从例 9.2.2 看出, 利用指标的概念, 我们可以将求解指数同余方程 $x^n\equiv a \pmod m$ 的问题转化为求解线性同余方程 $n\mathrm{ind}_g x\equiv \mathrm{ind}_g a \pmod{\varphi(m)}$.

习 题 9.2

1. 求模 29 的最小正原根.
2. 分别求模 29^3 和模 $2\cdot 29^3$ 的原根.
3. 解同余方程: $x^{12}\equiv 16 \pmod{17}$.
4. 设 p 和 $q=4p+1$ 都是素数, 证明: 2 是模 q 的一个原根.
5. 设 $m\geqslant 3$, g_1 和 g_2 都是模 m 的原根, 则 $g=g_1g_2$ 不是模 m 的原根.
6. 设 p 是奇素数, 证明: 当且仅当 $p-1\nmid n$ 时, 有

$$1^n+2^n+\cdots+(p-1)^n\equiv 0 \pmod p.$$

9.3 伪 素 数

定义 9.3.1 设 n 是奇合数, $(b,n)=1$. 若

$$b^{n-1}\equiv 1 \pmod n, \tag{9.3.1}$$

则称 n 是对基 b 的伪素数.

定理 9.3.1 设 n 是奇合数.

(i) 若 $(b,n)=1$, 则 n 是对基 b 的伪素数的充要条件是 b 对模 n 的指数整除 $n-1$;

(ii) 设 n 分别是对基 b_1 和对基 b_2 的伪素数, 则 n 也是对基 b_1b_2, $b_1b_2^{-1}$ 的伪素数, 此处 b_2^{-1} 是 b_2 对模 n 的乘法逆元素;

(iii) 若存在 $b\in(\mathbf{Z}/n\mathbf{Z})^*$ 使得 (9.3.1) 式不成立, 则在 $(\mathbf{Z}/n\mathbf{Z})^*$ 中至少有一半的数 b 使得 (9.3.1) 式不成立.

证明 (i) 由定理 9.1.2 可以得到.

(ii) 由同余的基本性质推出.

(iii) 设 $b_1,\cdots,b_k$ 是 $(\mathbf{Z}/n\mathbf{Z})^*$ 中所有的使 (9.3.1) 式成立的不同的数. 由 (ii) 可知, 数 $bb_i(1\leqslant i\leqslant k)$ 不使 (9.3.1) 式成立, 而且, 由于 $b_i\not\equiv b_j\ (\mathrm{mod}\ n)(i\neq j)$, 所以 $bb_i\not\equiv bb_j\ (\mathrm{mod}\ n)$, 即 $bb_1,\cdots,bb_k$ 是互不相同的. 因此, 使 (9.3.1) 式不成立的数的个数至少是 k 个. 由此得出结论 (iii). □

定义 9.3.2 设 n 是合数, 若对任何 $b\in(\mathbf{Z}/n\mathbf{Z})^*$, (9.3.1) 式都成立, 则称 n 是 Carmichael 数.

定理 9.3.2 设 n 是奇合数,

(i) 若 n 被某个平方数整除, 则 n 不是 Carmichael 数;

(ii) 若 n 没有平方因数, 则 n 是 Carmichael 数的充要条件是由 $p|n$ 可以导出 $p-1|n-1$.

证明 (i) 设有素数 $p\neq 2, p^\alpha|n, p^{\alpha+1}\nmid n, \alpha\geqslant 2, g$ 是模 p^α 的原根, 则

$$g^{p^{\alpha-1}(p-1)}\equiv 1\ (\mathrm{mod}\ p^\alpha).$$

记 $n=p^\alpha n'$, 并且以

$$b\equiv g\ (\mathrm{mod}\ p^\alpha),\quad b\equiv 1\ (\mathrm{mod}\ n')$$

确定 b, 则 b 也是 p^α 的原根, $(b,n)=1$. 若 n 是对基 b 的伪素数, 则 (9.3.1) 式成立, 从而有 $b^{n-1}\equiv 1\ (\mathrm{mod}\ p^\alpha)$, 因此, 由定理 9.3.2 得到

$$p^{\alpha-1}(p-1)|n-1.$$

于是 $p^{\alpha-1}|n-1$, 这与 $p^\alpha|n$ 矛盾, 所以, b 不使 (9.3.1) 式成立, 从而, n 不是 Carmichael 数.

(ii) 若 $n=p_1\cdots p_k$, 而且 $p_i-1|n-1(1\leqslant i\leqslant k)$, 其中所有 p_i 是互不相同的素数. 设 b 是任意整数, $(b,n)=1$, 则对于 $1\leqslant i\leqslant k$, 由 Fermat 定理得到, 对于 $1\leqslant i\leqslant k$,

$$b^{p_i-1}\equiv 1\ (\mathrm{mod}\ p_i),\quad b^{n-1}\equiv 1\ (\mathrm{mod}\ p_i).$$

因此,

$$b^{n-1}\equiv 1\ (\mathrm{mod}\ n),$$

即 n 是对基 b 的伪素数. 由于 b 是任意取的, 所以 n 是 Carmichael 数.

若 n 是 Carmichael 数, 则用证明 (i) 的方法可得到 $p_i-1|n-1$ 对任意的 $p_i|n$ 成立. □

推论 9.3.1　任何 Carmichael 数至少有三个不同的素因数.

证明　由定理 9.3.2, 只需证明, 若 p 与 q 是不同的素数, 则 $n=pq$ 不是 Carmichael 数.

设 n 是 Carmichael 数. 不妨设 $p<q$. 利用对定理 9.3.2 结论 (i) 的证明方法, 可推出 $q-1|n-1$, 由此及

$$n-1=pq-1\equiv p-1 \pmod{q-1}$$

得到 $q-1|p-1$, 这与 $p<q$ 矛盾. □

推论 9.3.2　设r,p,q是互不相同的素数, 则当 r 固定时, 形如 rpq 的 Carmichael 数的个数有限.

证明　不妨只考虑 $p>q$ 的情形.

若 rpq 是 Carmichael 数, 用证明定理 9.3.2 的方法, 可以得到 $(p-1)|(rpq-1)$, $(q-1)|(rpq-1)$, 因此,

$$0\equiv rpq-1\equiv rq-1 \pmod{p-1},$$

$$0\equiv rpq-1\equiv rp-1 \pmod{q-1}.$$

所以, 存在某个整数 $a, 1<a<r$, 使得

$$rp-1=a(q-1),\quad aq=rp+a-1, \tag{9.3.2}$$

并且

$$\begin{aligned}0&\equiv a(rq-1)=raq-a=r(rq+a-1)-a\\&\equiv r^2+ra-r-a=(r-1)(a+r) \pmod{p-1}.\end{aligned} \tag{9.3.3}$$

当 r 固定时, a 的取值至多是 $r-1$ 个; 由 (9.3.3) 式, p 的取值至多是 $2r^2$ 个; 由 (9.3.2) 式, q 的取值也是有限多个. □

定义 9.3.3　设 n 是奇合数, $(b,n)=1$, 若

$$b^{\frac{n-1}{2}}\equiv\left(\frac{b}{n}\right) \pmod{n}, \tag{9.3.4}$$

其中 $\left(\frac{b}{n}\right)$ 是 Jacobi 符号, 则称 n 是对基 b 的 Euler 型伪素数.

由 Jacobi 符号的性质可知, Euler 型伪素数必是伪素数.

对于任何奇数 n, 当 $b=\pm1$ 时, (9.3.4) 式都成立. 以后, 不考虑这两种平凡情形.

定理 9.3.3 设 n 是奇合数, 若 $(\mathbf{Z}/n\mathbf{Z})^*$ 中存在使式 (9.3.4) 不成立的整数, 则这样的整数至少有一半.

证明 设 $b' \in (\mathbf{Z}/n\mathbf{Z})^*$ 不使 (9.3.4) 式成立, 并且 $b_1, \cdots, b_k \in (\mathbf{Z}/n\mathbf{Z})^*$ 是使 (9.3.4) 式成立的所有整数. 由 Jacobi 符号的性质可知, 对于 $1 \leqslant i \leqslant k$,

$$\left(\frac{b'b_i}{n}\right) = \left(\frac{b'}{n}\right)\left(\frac{b_i}{n}\right) \not\equiv (b_i b)^{\frac{n-1}{2}} \pmod{n},$$

即 $b'b_i$ 不使 (9.3.4) 式成立. 容易证明, 当 $i \neq j$ 时, $b'b_i$ 与 $b'b_j$ 是 $(\mathbf{Z}/n\mathbf{Z})^*$ 中的不同元素, 所以定理结论成立. □

例 9.3.1 设 p 与 $2p-1$ 都是素数, $n = p(2p-1)$, 则使 n 是伪素数的基 b 的概率是 $\frac{1}{2}$.

解 由

$$n - 1 = p(2p-1) - 1 \equiv 0 \pmod{p-1}$$

及

$$n - 1 = p(2p-1) - 1 \equiv p - 1 \pmod{2p-2}$$

可知,

$$b^{n-1} \equiv 1 \pmod{p},$$

$$b^{n-1} \equiv b^{p-1} = b^{\frac{2p-1-1}{2}} \equiv \left(\frac{b}{2p-1}\right) \pmod{2p-1},$$

因此, $b^{n-1} \equiv 1 \pmod{p(2p-1)}$ 与 $\left(\frac{b}{2p-1}\right) = 1$ 等价. 使 $\left(\frac{b}{2p-1}\right) = 1$ 的数 b 出现的概率是 $\frac{1}{2}$.

例 9.3.2 若 n 是对基 b 的伪素数, $(b-1, n) = 1$, 则 $N = \frac{b^n - 1}{b-1}$ 也是对基 b 的伪素数. 特别地, 若 n 是对基 2 的伪素数, 则 $2^n - 1$ 也是对基 2 的伪素数.

解 n 是对基 b 的伪素数, 所以, n 是奇合数, 并且 $(b, n) = 1$. 因为 $2 \nmid n$, 所以

$$2 \nmid N = \frac{b^n - 1}{b - 1} = b^{n-1} + b^{n-2} + \cdots + 1.$$

此外, 设 $n = kl(k > 1, l > 1)$, 则 $2 \nmid k, 2 \nmid l$, 于是

$$N = \frac{b^{kl} - 1}{b - 1} = (b^{l-1} + \cdots + 1)(b^{l(k-1)} + \cdots + 1).$$

即 N 也是合数, 所以 N 是奇合数.

在等式

$$N-1=\frac{b^n-1}{b-1}-1=b\cdot\frac{b^{n-1}-1}{b-1}$$

的右端, 由伪素数的定义可知 $n|b^{n-1}-1$, 由此及 $(b,n)=(b-1,n)=1$, 得到 $n|N-1$, 再与

$$b^n-1=N(b-1)\equiv 0\ (\mathrm{mod}\ N)$$

联合, 推出

$$b^n\equiv 1\ (\mathrm{mod}\ N),\quad b^{N-1}\equiv 1\ (\mathrm{mod}\ N),$$

即 N 是对基 b 的伪素数.

例 9.3.3　设 $n=pq$ 是两个不同的奇素数之积, $d=(p-1,q-1)$. 证明: n 是对基 b 的伪素数的充要条件是:

$$b^d\equiv 1\ (\mathrm{mod}\ n).\tag{9.3.5}$$

解　设 n 是对基 b 的伪素数, 即 $b^{n-1}\equiv 1(\mathrm{mod}\ n)$, 则由

$$b^{n-1}\equiv 1\ (\mathrm{mod}\ p),$$

$$n-1=pq-1\equiv q-1\ (\mathrm{mod}\ p-1)$$

以及 Fermat 定理, 得到

$$b^{q-1}\equiv 1\ (\mathrm{mod}\ p),\quad b^{p-1}\equiv 1\ (\mathrm{mod}\ p),\tag{9.3.6}$$

则

$$b^d\equiv 1\ (\mathrm{mod}\ p).$$

同理可以证明

$$b^d\equiv 1\ (\mathrm{mod}\ q).$$

将以上两式联合, 得到 (9.3.5) 式. 必要性得证.

若 (9.3.5) 式成立, 则由 $d|n-1=pq-1=(p-1)q+q-1$, 可知 n 是对基 b 的伪素数. 充分性得证.

例 9.3.4　若 $n=pq$ 是不同的奇素数之积, $d=(p-1,q-1)$, 则有 d^2 个 $b\in(\mathbf{Z}/n\mathbf{Z})^*$, 使得 n 是对基 b 是伪素数.

证明　(9.3.5) 式等价于同余方程组

$$\begin{cases} b^d\equiv 1\ (\mathrm{mod}\ p), & (9.3.7)\\ b^d\equiv 1\ (\mathrm{mod}\ q). & (9.3.8)\end{cases}$$

设 g 是模 p 的原根, $k = \mathrm{ind}_g b$, 则 (9.3.7) 式等价于

$$kd \equiv 0 \pmod{p-1}.$$

它有 d 个对模 $p-1$ 不同余的解. 即

$$k_i = i \cdot \frac{p-1}{d}, \quad i = 0, 1, \cdots, d-1.$$

同理可以证明, (9.3.8) 式有 d 个对模 $q-1$ 不同余的解. 因此, 由 (9.3.7) 式与 (9.3.8) 式所成的方程组的解的个数是 d^2.

习 题 9.3

1. 证明 3·11·17 是最小的 Carmichael 数.
2. 证明: 当 b=2, 3 或 5 时, 有无穷多个对基 b 的伪素数.

第 10 章 实数的表示

10.1 连分数的基本性质

定义 10.1.1 设 $\alpha_1, \alpha_2, \cdots, \alpha_n$ 是不为零的实数, 当分数

$$\alpha_1+\cfrac{1}{\alpha_2+\cfrac{1}{\alpha_3+\cfrac{1}{\ddots+\cfrac{1}{\alpha_n}}}}$$

有意义时, 称为有限连分数, 简记为

$$\alpha_1+\frac{1}{\alpha_2+}\frac{1}{\alpha_3+}\cdots\frac{1}{\alpha_n}$$

或

$$\langle\alpha_1, \alpha_2, \cdots, \alpha_n\rangle.$$

定义 10.1.2 设 $\alpha_1, \alpha_2, \cdots, \alpha_n, \cdots$ 是不为零的无限的实数列, 记

$$\frac{p_n}{q_n}=\langle\alpha_1, \alpha_2, \cdots, \alpha_n\rangle.$$

若 $\frac{p_n}{q_n}(n \geqslant 1)$ 都有意义并且

$$\lim_{n\to\infty}\frac{p_n}{q_n}=A\neq\infty,$$

则称 $\langle\alpha_1, \alpha_2, \cdots, \alpha_n, \cdots\rangle$ 是无限连分数, 并称连分数 $\langle\alpha_1, \alpha_2, \cdots, \alpha_n, \cdots\rangle$ 等于 A, 或称它的值是 A. 也称它是 A 的连分数, 或者称它表示 A, 记为

$$A=\langle\alpha_1, \alpha_2, \cdots, \alpha_n, \cdots\rangle=\alpha_1+\frac{1}{\alpha_2+}\frac{1}{\alpha_3+}\cdots\frac{1}{\alpha_n+}\cdots.$$

称 $\frac{p_n}{q_n}(n \geqslant 1)$ 是连分数 $\langle\alpha_1, \alpha_2, \cdots, \alpha_n, \cdots\rangle$的第 n 个渐近分数.

容易计算

$$\frac{p_1}{q_1}=\frac{\alpha_1}{1},\quad \frac{p_2}{q_2}=\frac{\alpha_2\alpha_1+1}{\alpha_2},\quad \frac{p_3}{q_3}=\frac{\alpha_3(\alpha_2\alpha_1+1)+\alpha_1}{\alpha_3\alpha_2+1},$$

即

$$p_1 = \alpha_1, \quad p_2 = \alpha_1\alpha_2 + 1, \quad p_3 = \alpha_3 p_2 + p_1,$$

$$q_1 = 1, \quad q_2 = \alpha_2, \quad q_3 = \alpha_3 q_2 + q_1.$$

假设当 $k \leqslant n$ 时, 有

$$\begin{array}{lll} p_1 = \alpha_1, & p_2 = \alpha_2\alpha_1 + 1, & p_k = \alpha_k p_{k-1} + p_{k-2}\ (k \geqslant 3), \\ q_1 = 1, & q_2 = \alpha_2, & q_k = \alpha_k q_{k-1} + q_{k-2}\ (k \geqslant 3) \end{array} \tag{10.1.1}$$

成立, 则由

$$\frac{p_{n+1}}{q_{n+1}} = \langle \alpha_1, \alpha_2, \cdots, \alpha_{n+1} \rangle = \langle \alpha_1, \alpha_2, \cdots, \alpha_{n-1}, \alpha_n + \frac{1}{\alpha_{n+1}} \rangle$$

和归纳假设, 有

$$\begin{aligned} \frac{p_{n+1}}{q_{n+1}} &= \frac{\left(\alpha_n + \dfrac{1}{\alpha_{n+1}}\right) p_{n-1} + p_{n-2}}{\left(\alpha_n + \dfrac{1}{\alpha_{n+1}}\right) q_{n-1} + q_{n-2}} = \frac{(\alpha_{n+1}\alpha_n + 1)\, p_{n-1} + \alpha_{n+1} p_{n-2}}{(\alpha_{n+1}\alpha_n + 1)\, q_{n-1} + \alpha_{n+1} q_{n-2}} \\ &= \frac{\alpha_{n+1}(\alpha_n p_{n-1} + p_{n-2}) + p_{n-1}}{\alpha_{n+1}(\alpha_n q_{n-1} + q_{n-2}) + q_{n-1}} = \frac{\alpha_{n+1} p_n + p_{n-1}}{\alpha_{n+1} q_n + q_{n-1}}. \end{aligned}$$

这说明式 (10.1.1) 当 $k = n + 1$ 时也成立. 由归纳法知式 (10.1.1) 对任意的 $k \geqslant 1$ 成立. 这就得到了如下结论.

定理 10.1.1 连分数 $\langle \alpha_1, \alpha_2, \cdots, \alpha_n, \cdots \rangle$ 的第 k 个渐近分数为 $\frac{p_k}{q_k}$, 则 (10.1.1) 式成立. □

推论 10.1.1 在定理 10.1.1 中, 若 $\alpha_i \geqslant 1 (i \geqslant 1)$, 则 $q_n \geqslant n - 1 (n \geqslant 2)$. □

在 (10.1.1) 式中分别取 $k = 2$ 与 $k = 3$, 容易计算得到

$$p_2 q_1 - p_1 q_2 = 1 = (-1)^2 \quad 与 \quad p_3 q_2 - p_2 q_3 = -1 = (-1)^3.$$

假设对于 $k < n + 1$ 都有

$$p_k q_{k-1} - p_{k-1} q_k = (-1)^k,$$

那么, 由 (10.1.1) 式得到

$$\begin{aligned} p_{n+1} q_n - p_n q_{n+1} &= (\alpha_{n+1} p_n + p_{n-1}) q_n - p_n (\alpha_{n+1} q_n + q_{n-1}) \\ &= p_{n-1} q_n - p_n q_{n-1} = (-1)^{n+1}. \end{aligned}$$

这样, 我们可以容易得到如下结论.

定理 10.1.2　设 $\frac{p_k}{q_k}$ 是连分数 $\langle\alpha_1,\alpha_2,\cdots,\alpha_n,\cdots\rangle$ 的渐近分数, 则

(i) $p_kq_{k-1}-p_{k-1}q_k=(-1)^k(k\geqslant 2)$;

(ii) $p_kq_{k-2}-p_{k-2}q_k=(-1)^{k-1}\alpha_k(k\geqslant 3)$.

证明　结论 (i) 由归纳法及上面的推导可以得到. 结论 (ii) 由结论 (i) 及下式推出:

$$\begin{aligned}p_kq_{k-2}-p_{k-2}q_k&=(\alpha_kp_{k-1}+p_{k-2})q_{k-2}-p_{k-2}(\alpha_kq_{k-1}+q_{k-2})\\&=\alpha_k(p_{k-1}q_{k-2}-p_{k-2}q_{k-1})=\alpha_k(-1)^{k-1}.\end{aligned}$$ □

定义 10.1.3　设 a_1 是整数, $a_2,a_3,\cdots,a_n,\cdots$ 是正整数, 则称连分数

$$\langle a_1,a_2,\cdots,a_n,\cdots\rangle$$

是简单连分数.

以后, 在本章中, 除特别声明外, 在谈到连分数时, 都是指简单连分数.

由定理 10.1.2, 我们可以得到:

$$\frac{p_{2k}}{q_{2k}}-\frac{p_{2(k-1)}}{q_{2(k-1)}}=\frac{(-1)^{2k-1}a_{2k}}{q_{2k}q_{2k-2}}<0,$$
$$\frac{p_{2k-1}}{q_{2k-1}}-\frac{p_{2k-3}}{q_{2k-3}}=\frac{(-1)^{2k-2}a_{2k-1}}{q_{2k-1}q_{2k-3}}>0,$$

以及

$$\frac{p_{2k}}{q_{2k}}-\frac{p_{2k-1}}{q_{2k-1}}=\frac{(-1)^{2k}}{q_{2k}q_{2k-1}}>0.$$

因此, 我们可以得到如下结论.

定理 10.1.3　设 $\langle a_1,a_2,\cdots,a_n,\cdots\rangle$ 是简单连分数, $\frac{p_k}{q_k}(k\geqslant 1)$ 是它的渐近分数, 则

(i) $\frac{p_{2(k-1)}}{q_{2(k-1)}}>\frac{p_{2k}}{q_{2k}},\quad \frac{p_{2k-1}}{q_{2k-1}}>\frac{p_{2k-3}}{q_{2k-3}},\quad \frac{p_{2k}}{q_{2k}}>\frac{p_{2k-1}}{q_{2k-1}}$;

(ii) 对任意的正整数 k, p_k 与 q_k 互素. □

对于任何简单连分数, 以 $\frac{p_n}{q_n}$ 表示这个连分数的第 n 个渐近分数. 由定理 10.1.3 可知

$$\frac{p_1}{q_1},\frac{p_3}{q_3},\cdots\quad 与\quad \frac{p_2}{q_2},\frac{p_4}{q_4},\cdots$$

分别是有界的递增数列和有界的递减数列, 因此, 下面的两个极限存在:

$$\lim_{n\to\infty}\frac{p_{2n-1}}{q_{2n-1}}=A<\infty,\quad \lim_{n\to\infty}\frac{p_{2n}}{q_{2n}}=B<\infty. \tag{10.1.2}$$

利用推论 10.1.1, 得到

$$0<\frac{p_{2k}}{q_{2k}}-\frac{p_{2k-1}}{q_{2k-1}}=\frac{1}{q_{2k}q_{2k-1}}\leqslant\frac{1}{(2k-1)(2k-2)}\to 0\quad(k\to\infty),$$

所以, $A=B$, 并且 $\lim\limits_{n\to\infty}\frac{p_n}{q_n}=A$. 根据以上分析, 我们可以得到如下结论.

定理 10.1.4 任何简单连分数都表示一个实数. □

例 10.1.1 设 a 与 b 是正整数, $b>1$, $\langle a_1,a_2,\cdots,a_n\rangle$ 是 $\frac{a}{b}$ 的有限简单连分数, 则

$$aq_{n-1}-bp_{n-1}=(-1)^n(a,b),$$

其中 (a,b) 是 a 与 b 的最大公约数.

解 由渐近分数定义,

$$\frac{a}{b}=\langle a_1,a_2,\cdots,a_n\rangle=\frac{p_n}{q_n}.$$

记 $a=(a,b)A, b=(a,b)B$, 则 $(A,B)=1$. 由定理 10.1.2 可知 $(p_n,q_n)=1$, 因此,

$$p_n=A,\quad q_n=B,\quad a=p_n(a,b),\quad b=q_n(a,b).\tag{10.1.3}$$

再利用定理 10.1.2, 有

$$\begin{aligned}p_nq_{n-1}-p_{n-1}q_n&=(-1)^n,\\ aq_{n-1}-bp_{n-1}&=(-1)^n(a,b).\end{aligned}$$

注 1 例 10.1.1 给出了求不定方程 $ax+by=c$ 的特解的一个方法.

例 10.1.2 求不定方程

$$13x+17y=5\tag{10.1.4}$$

的解.

解 容易验证 $\frac{13}{17}=\cfrac{1}{1+\cfrac{4}{13}}=\cfrac{1}{1+\cfrac{1}{3+\cfrac{1}{4}}}=\langle 0,1,3,4\rangle$, 于是

$$\begin{aligned}&p_1=0,\quad p_2=1\cdot 0+1=1,\quad p_3=3\cdot 1+0=3,\\ &q_1=1,\quad q_2=1,\quad\quad\quad\quad\quad\ \ q_3=3\cdot 1+1=4.\end{aligned}$$

由例 10.1.1 有 $13\cdot 4-17\cdot 3=(-1)^4=1$, 因此 $13\cdot 4\cdot 5-17\cdot 3\cdot 5=5$, 即 $x=20, y=-15$ 是方程 (10.1.4) 的特解, 所以方程 (10.1.4) 的一般解是

$$\begin{cases}x=\ \ 20+17t,\\ y=-15-13t,\end{cases}\quad t\in\mathbf{Z}.$$

例 10.1.3　设 $\dfrac{p_n}{q_n}$ 是 $\langle a_1, a_2, \cdots, a_n, \cdots\rangle$ 的第 n 个渐近分数, 则

$$\frac{q_n}{q_{n-1}} = \langle a_n, a_{n-1}, \cdots, a_2\rangle \quad (n \geqslant 2). \tag{10.1.5}$$

解　用归纳法证明. 当 $n = 2$ 时, 由式 (10.1.1), 有

$$\frac{q_2}{q_1} = a_2 = \langle a_2\rangle,$$

即式 (10.1.5) 成立.

假设式 (10.1.5) 当 $n = k(k \geqslant 2)$ 时成立, 即

$$\frac{q_k}{q_{k-1}} = \langle a_k, a_{k-1}, \cdots, a_2\rangle, \tag{10.1.6}$$

则由式 (10.1.1), 有

$$\frac{q_{k+1}}{q_k} = \frac{a_{k+1}q_k + q_{k-1}}{q_k} = a_{k+1} + \frac{q_{k-1}}{q_k},$$

由此及式 (10.1.6), 得到

$$\frac{q_{k+1}}{q_k} = a_{k+1} + \frac{1}{\langle a_k, a_{k-1}, \cdots, a_2\rangle} = \langle a_{k+1}, a_k, \cdots, a_2\rangle,$$

即式 (10.1.5) 当 $n = k + 1$ 时也成立. 由归纳法证得到所需结论.

例 10.1.4　求连分数 $\langle 0, 1, 2, 1, 2, \cdots\rangle$ 的值.

解　设

$$x = \langle 0, 1, 2, 1, 2, \cdots\rangle = \cfrac{1}{1 + \cfrac{1}{2 + \cfrac{1}{1 + \cfrac{1}{2 + \ddots}}}},$$

则 $x = \dfrac{1}{1 + \dfrac{1}{2 + x}}$, 解这个方程, 并注意 $0 < x < 1$, 得到 $x = \sqrt{3} - 1$.

习　题　10.1

1. 设连分数 $\langle \alpha_1, \alpha_2, \cdots, \alpha_n, \cdots\rangle$ 的第 k 个渐近分数为 $\dfrac{p_k}{q_k}$, 证明:

$$p_k=\begin{vmatrix} a_1 & -1 & 0 & \cdots & \cdots & 0 & 0 \\ 1 & a_2 & -1 & 0 & \cdots & \cdots & 0 \\ 0 & 1 & a_3 & -1 & 0 & \cdots & 0 \\ \vdots & \vdots & \vdots & \vdots & \vdots & \vdots & \vdots \\ \vdots & \vdots & \vdots & \vdots & \vdots & \vdots & \vdots \\ 0 & \cdots & \cdots & 0 & 1 & a_{k-1} & -1 \\ 0 & 0 & \cdots & \cdots & 0 & 1 & a_k \end{vmatrix},\quad q_k=\begin{vmatrix} 1 & 0 & 0 & 0 & \cdots & 0 & 0 \\ 0 & a_2 & -1 & 0 & \cdots & \cdots & 0 \\ 0 & 1 & a_3 & -1 & 0 & \cdots & 0 \\ \vdots & \vdots & \vdots & \vdots & \vdots & \vdots & \vdots \\ \vdots & \vdots & \vdots & \vdots & \vdots & \vdots & \vdots \\ 0 & \cdots & \cdots & 0 & 1 & a_{k-1} & -1 \\ 0 & 0 & \cdots & \cdots & 0 & 1 & a_k \end{vmatrix}.$$

2. 设连分数 $\langle \alpha_1, \alpha_2, \cdots, \alpha_n, \cdots \rangle$ 的第 k 个渐近分数为 $\frac{p_k}{q_k}$, 证明:

$$\begin{pmatrix} a_1 & 1 \\ 1 & 0 \end{pmatrix}\begin{pmatrix} a_2 & 1 \\ 1 & 0 \end{pmatrix}\cdots\begin{pmatrix} a_k & 1 \\ 1 & 0 \end{pmatrix}=\begin{pmatrix} p_k & p_{k-1} \\ q_k & q_{k-1} \end{pmatrix},\quad k \geqslant 2.$$

3. 求连分数 $\langle 1,2,3,4,5,\cdots \rangle$ 的前三个渐近分数.
4. 求连分数 $\langle 2,3,2,3,\cdots \rangle$ 的值.
5. 解不定方程: $7x-9y=4$.

10.2 实数的连分数表示

现在, 我们来讨论连分数表示实数的问题.

考虑任一有理数 α, 设 $\alpha=\frac{a}{b}$, a 与 b 是整数, $b>0, (a,b)=1$, 由辗转相除法, 有

$$a=bq_1+r_1,\quad 0<r_1<b, \frac{a}{b}=q_1+\frac{r_1}{b}, 0<\frac{r_1}{b}<1,$$

$$b=r_1q_2+r_2,\quad 0<r_2<r_1, \frac{b}{r_1}=q_2+\frac{r_2}{r_1},$$

$$0<\frac{r_2}{r_1}<1, q_2\geqslant 1,$$

$$\cdots\cdots\cdots$$

$$r_{n-2}=r_{n-1}q_n+r_n,\quad 0<r_n<r_{n-1},\ \frac{r_{n-2}}{r_{n-1}}=q_n+\frac{r_n}{r_{n-1}},$$

$$0<\frac{r_n}{r_{n-1}}<1,\ q_n\geqslant 1,$$

$$r_{n-1}=r_nq_{n+1},\quad \frac{r_{n-1}}{r_n}=q_{n+1},\ q_{n+1}>1,$$

因此 $\frac{a}{b}=\langle q_1,q_2,\cdots,q_{n+1}\rangle$. 所以我们有如下结论.

定理 10.2.1 任一有理数 α 可以表示成有限简单连分数. □

下面我们考虑无理数的情形.

对于任意的无理数 β, 总有无理数 β_1, 使得

$$\beta = [\beta] + \frac{1}{\beta_1}, \quad \beta_1 = \frac{1}{\beta - [\beta]} > 1.$$

由此, 对于任意的无理数 α, 我们依次得到:

$$\begin{gathered}
\alpha = a_1 + \frac{1}{\alpha_1}, \quad a_1 = [\alpha], \quad \alpha_1 = \frac{1}{\alpha - a_1} > 1, \\
\alpha_1 = a_2 + \frac{1}{\alpha_2}, \quad a_2 = [\alpha_1], \quad \alpha_2 = \frac{1}{\alpha_1 - a_2} > 1, \\
\cdots\cdots \\
\alpha_n = a_{n+1} + \frac{1}{\alpha_{n+1}}, \quad a_{n+1} = [\alpha_n], \quad \alpha_{n+1} = \frac{1}{\alpha_n - a_{n+1}} > 1, \\
\cdots\cdots
\end{gathered} \tag{10.2.1}$$

下面证明 $\alpha = \langle a_1, a_2, \cdots, a_n, \cdots \rangle$.

由上面的等式及定理 10.1.1 可见, 对于任意的正整数 $n > 1$, 有

$$\alpha = \langle a_1, a_2, \cdots, a_n, \alpha_n \rangle = \frac{\alpha_n p_n + p_{n-1}}{\alpha_n q_n + q_{n-1}}, \tag{10.2.2}$$

其中 $\dfrac{p_i}{q_i} (i \geqslant 1)$ 是 $\langle a_1, a_2, \cdots, a_n, \cdots \rangle$ 的渐近分数. 因此, 由式 (10.2.2) 及定理 10.1.2, 得到

$$\alpha - \frac{p_n}{q_n} = \frac{\alpha_n p_n + p_{n-1}}{\alpha_n q_n + q_{n-1}} - \frac{p_n}{q_n} = \frac{(-1)^{n-1}}{q_n(\alpha_n q_n + q_{n-1})}. \tag{10.2.3}$$

再利用式 (10.2.1) 及推论 10.1.1, 得到

$$\left| \alpha - \frac{p_n}{q_n} \right| \leqslant \frac{1}{(n-1)(n-1+1)} \to 0, \quad n \to \infty,$$

即 $\alpha = \langle a_1, a_2, \cdots, a_n, \cdots \rangle$. 所以, 我们有如下结论.

定理 10.2.2　任一无理数可以表示成无限简单连分数. □

设 α 是实无理数, 由定理 10.2.2 的证明, 有 $\alpha_n > a_{n+1}$, 因此,

$$\begin{gathered}
\alpha_n q_n + q_{n-1} > a_{n+1} q_n + q_{n-1} = q_{n+1} > q_n, \\
0 < \frac{1}{\alpha_n q_n + q_{n-1}} < \frac{1}{q_{n+1}} < \frac{1}{q_n},
\end{gathered}$$

所以, 必有 $\delta_n, \eta_n, 0 < \delta_n, \eta_n < 1$, 使得

$$\frac{1}{\alpha_n q_n + q_{n-1}} = \frac{\delta_n}{q_{n+1}} = \frac{\eta_n}{q_n},$$

由此及 (10.2.3) 式, 我们可以得到如下结论.

推论 10.2.1 设 α 是实无理数, 那么, 对于任意的正整数 n, 存在 δ_n 与 $\eta_n, 0 < \delta_n, \eta_n < 1$, 使得

$$\alpha = \frac{p_n}{q_n} + \frac{(-1)^{n-1}\delta_n}{q_n q_{n+1}} = \frac{p_n}{q_n} + \frac{(-1)^{n-1}\eta_n}{q_n^2}.$$ □

上面我们已经知道任一无理数可以表示成连分数, 下面我们来分析这种表示法是否是唯一的.

设无理数 α 的两种连分数表示:

$$\alpha = \langle a_1, a_2, \cdots, a_n, \cdots\rangle = \langle b_1, b_2, \cdots, b_n, \cdots\rangle. \tag{10.2.4}$$

我们来考虑下面的式子是否成立:

$$a_i = b_i, \quad i \geqslant 1. \tag{10.2.5}$$

对于正整数 i, 记

$$\alpha_i = \langle a_i, a_{i+1}, \cdots, a_n, \cdots\rangle, \quad \beta_i = \langle b_i, b_{i+1}, \cdots, b_n, \cdots\rangle,$$

则

$$\alpha = a_1 + \frac{1}{\alpha_2} = b_1 + \frac{1}{\beta_2},$$

其中 a_1 与 b_1 是整数, α_2 与 β_2 是大于 1 的无理数. 因此, $a_1 = b_1$, 即式 (10.2.5) 当 $i = 1$ 时成立.

假设式 (10.2.5) 对于 $i < k+1$ 成立, 即 $a_1 = b_1, a_2 = b_2, \cdots, a_k = b_k$, 则由式 (10.2.4) 得到

$$\langle a_{k+1}, a_{k+2}, \cdots\rangle = \langle b_{k+1}, b_{k+2}, \cdots\rangle,$$

于是, $a_{k+1} = b_{k+1}$, 即式 (10.2.5) 当 $i = k+1$ 时成立.

由归纳法我们可以知道, 对于任意的 i, 式 (10.2.5) 都成立, 即有如下结论.

定理 10.2.3 无理数的连分数表示是唯一的. □

下面的结论是容易得到的, 留作习题.

定理 10.2.4 设 a 与 b 是整数, $\langle a_1, a_2, \cdots, a_n\rangle$ 与 $\langle b_1, b_2, \cdots, b_m\rangle$ 是 $\dfrac{a}{b}$ 的两个简单连分数表示,

(i) 若 $a_n > 1, b_m > 1$, 则 $n = m, a_i = b_i (1 \leqslant i \leqslant n)$;

(ii) 若 a_n 是大于 1 的整数, 则有理数 $\dfrac{a}{b}$ 仅有两种表示成简单连分数的方法, 即 $\langle a_1, a_2, \cdots, a_n\rangle = \langle a_1, a_2, \cdots, a_n - 1, 1\rangle$. □

设 $\dfrac{p_n}{q_n}(n = 1, 2, \cdots)$ 是实数 α 的连分数的渐近分数, 若 $\alpha = \dfrac{p_n}{q_n}$, 则对于任意的

正整数 $q \leqslant q_n$ 及整数 p, 有

$$\left|\alpha - \frac{p_n}{q_n}\right| \leqslant \left|\alpha - \frac{p}{q}\right|. \tag{10.2.6}$$

若 $\alpha \neq \frac{p_n}{q_n}$, 则 α 有第 $n+1$ 个渐近分数 $\frac{p_{n+1}}{q_{n+1}}$, 并且 $\frac{p_{n+1}}{q_{n+1}} \neq \frac{p_n}{q_n}$. 不妨设 $\frac{p_{n+1}}{q_{n+1}} > \frac{p_n}{q_n}$, 于是

$$\frac{p_n}{q_n} < \alpha \leqslant \frac{p_{n+1}}{q_{n+1}}. \tag{10.2.7}$$

分别以下情况讨论:

(i) 若 $\frac{p}{q} \leqslant \frac{p_n}{q_n}$, 则由式 (10.2.7) 可知式 (10.2.6) 成立.

(ii) 若 $\frac{p}{q} > \frac{p_{n+1}}{q_{n+1}}$, 则由式 (10.2.7) 得到

$$\left|\alpha - \frac{p}{q}| \geqslant |\frac{p_{n+1}}{q_{n+1}} - \frac{p}{q}\right| \geqslant \frac{1}{qq_{n+1}} \geqslant \frac{1}{q_nq_{n+1}}.$$

由上式及推论 10.2.1 得到式 (10.2.6).

(iii) 若 $\frac{p}{q} = \frac{p_{n+1}}{q_{n+1}}$, 则 $pq_{n+1} = qp_{n+1}$, 因此, 有 $q_{n+1}|q, q \geqslant q_{n+1} > q_n$, 这与假设矛盾. 因此, 这一情况不出现.

(iv) 若 $\frac{p_n}{q_n} < \frac{p}{q} < \frac{p_{n+1}}{q_{n+1}}$, 则容易看出

$$\frac{p}{q} - \frac{p_n}{q_n} \geqslant \frac{1}{qq_n}, \quad \frac{p_{n+1}}{q_{n+1}} - \frac{p}{q} \geqslant \frac{1}{qq_{n+1}},$$

于是

$$\frac{p_{n+1}}{q_{n+1}} - \frac{p_n}{q_n} \geqslant \frac{q_n + q_{n+1}}{qq_nq_{n+1}} > \frac{1}{q_nq_{n+1}},$$

这与定理 10.1.2 矛盾. 因此, 这一情况不出现.

综合以上讨论, 得到下面的结论.

定理 10.2.5　设 $\frac{p_n}{q_n}(n = 1, 2, \cdots)$ 是实数 α 的连分数的渐近分数, 则对于任意的正整数 $q \leqslant q_n$ 及整数 p, 有

$$\left|\alpha - \frac{p_n}{q_n}| \leqslant |\alpha - \frac{p}{q}\right|.$$

□

定理 10.2.5 说明, 在分母不超过 q_n 的分数中, $\frac{p_n}{q_n}$ 是 α 的最佳有理逼近. 这是渐近分数的一个非常重要的性质.

定理 10.2.6(Hurwitz) 设 α 是无理数, 那么, 在它的连分数的任何两个相邻渐近分数中, 至少有一个满足不等式

$$\left|\alpha - \frac{p}{q}\right| < \frac{1}{2q^2}. \tag{10.2.8}$$

证明 设 $\dfrac{p_n}{q_n}$ 与 $\dfrac{p_{n+1}}{q_{n+1}}$ 是 α 的两个相邻的渐近分数, 不妨设

$$\frac{p_n}{q_n} < \alpha < \frac{p_{n+1}}{q_{n+1}}.$$

于是,

$$\frac{1}{q_n q_{n+1}} = \left|\frac{p_{n+1}}{q_{n+1}} - \frac{p_n}{q_n}\right| = \left|\alpha - \frac{p_n}{q_n}\right| + \left|\alpha - \frac{\beta_{n+1}}{q_{n+1}}\right|. \tag{10.2.9}$$

若 $\dfrac{p_n}{q_n}$ 与 $\dfrac{p_{n+1}}{q_{n+1}}$ 都不使式 (10.2.8) 成立, 则

$$\left|\alpha - \frac{p_n}{q_n}\right| \geqslant \frac{1}{2q_n^2}, \quad \left|\alpha - \frac{p_{n+1}}{q_{n+1}}\right| \geqslant \frac{1}{2q_{n+1}^2}, \tag{10.2.10}$$

于是

$$\left|\alpha - \frac{p_n}{q_n}\right| + \left|\alpha - \frac{p_{n+1}}{q_{n+1}}\right| \geqslant \frac{q_n^2 + q_{n+1}^2}{2q_n^2 q_{n+1}^2}, \tag{10.2.11}$$

但是 $q_{n+1} \neq q_n$, 所以 $q_n^2 + q_{n+1}^2 > 2q_n q_{n+1}$, 因此, 由式 (10.2.11) 得到

$$\left|\alpha - \frac{p_n}{q_n}\right| + \left|\alpha - \frac{p_{n+1}}{q_{n+1}}\right| > \frac{1}{q_n q_{n+1}},$$

这与式 (10.2.9) 矛盾. 所以式 (10.2.10) 中至少有一个不等式不成立. □

推论 10.2.2 对于任意的无理数 α, 存在无穷多个有理数 $\dfrac{p}{q}$ 满足

$$\left|\alpha - \frac{p}{q}\right| < \frac{1}{2q^2}.$$ □

例 10.2.1 写出 $\sqrt{8}$ 的连分数

解 由

$$\sqrt{8} = 2 + \sqrt{8} - 2 = 2 + \frac{1}{\dfrac{\sqrt{8}+2}{4}},$$

$$\frac{\sqrt{8}+2}{4} = 1 + \frac{\sqrt{8}-2}{4} = 1 + \frac{1}{\sqrt{8}+2},$$

$$\sqrt{8} + 2 = 4 + \sqrt{8} - 2 = 4 + \frac{1}{\dfrac{\sqrt{8}+2}{4}},$$

……

得到 $\sqrt{8}=\langle 2,1,4,1,4,1,\cdots\rangle$.

例 10.2.2　求 $\sqrt{8}$ 的误差不超过 10^{-4} 的有理近似值.

解　由推论 10.2.1, 只需求正整数 n, 使得 $\dfrac{1}{q_nq_{n+1}}\leqslant 10^{-4}$.

利用例 10.2.1 及定理 10.1.1, 有下表

n	1	2	3	4	5	6	7	8
a_n	2	1	4	1	4	1	4	1
p_n	2	3	14	17	82	99	478	577
q_n	1	1	5	6	29	35	169	204

由于 $q_7q_8>10^4$, 因此取 $n=7$. 即所求的 $\sqrt{8}$ 的有理近似是 $\dfrac{p_7}{q_7}=\dfrac{478}{169}$.

习　题　10.2

1. 证明定理 10.2.4.
2. 求 $\sqrt{13}$ 的连分数.
3. 求 $2+\sqrt{3}$ 的误差 $\leqslant 10^{-5}$ 的有理逼近.
4. 求 $\sin 18^\circ$ 的误差 $\leqslant 10^{-5}$ 的有理逼近.
5. 已知圆周率 $\pi=\langle 3,7,15,1,292,1,1,1,21,\cdots\rangle$, 求 π 的误差 $\leqslant 10^{-6}$ 的有理逼近.
6. 证明: $\dfrac{1+\sqrt{5}}{2}$ 连分数展开的第 k 个渐近分数为 $\dfrac{F_{k+1}}{F_k}$. 此处$\{F_n\}$是 Fibonacci 数列.

10.3　循环连分数

本节要讨论整系数二次方程的实无理根的连分数.

定义 10.3.1　设 $\langle a_1,a_2,\cdots,a_n,\cdots\rangle$ 是无限简单连分数. 如果存在正整数 s 与 t, 使得

$$a_{s+i}=a_{s+kt+i},\quad i=1,2,\cdots,t;\ k=0,1,2,\cdots,$$

则称 $\langle a_1,a_2,\cdots,a_n,\cdots\rangle$ 是循环连分数, 并记为

$$\langle a_1,\cdots,a_s,\dot{a}_{s+1},\cdots,\dot{a}_{s+t}\rangle.$$

如果 $s=0$, 则称它是纯循环连分数.

设 $\alpha=\langle a_1,\cdots,a_s,\dot{b}_1,\cdots,\dot{b}_t\rangle=\langle a_1,a_2,\cdots,a_n,\cdots\rangle$ 是循环连分数. 记 $\alpha_n=\langle a_{n+1},a_{n+2},\cdots\rangle$, 以 $\dfrac{p_n}{q_n}(n=1,2,\cdots)$ 表示 α 的渐近分数.

(i) 若 $s=0$, 则 $\alpha=\langle\dot{b}_1,\cdots,\dot{b}_t\rangle=\langle b_1,\cdots,b_t,\alpha\rangle$, 因此, 由定理 10.1.1 得到

$$\alpha=\frac{\alpha p_t+p_{t-1}}{\alpha q_t+q_{t-1}},$$

即 α 满足整系数二次方程

$$q_tx^2+(q_{t-1}-p_t)x-p_{t-1}=0. \tag{10.3.1}$$

(ii) 若 $s\neq 0$, 则 $\alpha=\langle a_1,\cdots,a_s,b_1,\cdots,b_t,b_1,\cdots,b_t,\cdots\rangle$, 则

$$\alpha=\frac{\alpha_sp_s+p_{s-1}}{\alpha_sq_s+q_{s-1}}=\frac{\alpha_sp_{s+t}+p_{s+t-1}}{\alpha_sq_{s+t}+q_{s+t-1}},$$

于是

$$\alpha_s=\frac{p_{s-1}-\alpha q_{s-1}}{q_s\alpha-p_s}=\frac{p_{s+t-1}-\alpha q_{s+t-1}}{q_{s+t}\alpha-p_{s+t}},$$

由此得到

$$(q_{s+t}\alpha-p_{s+t})(p_{s-1}-\alpha q_{s-1})=(q_s\alpha-p_s)(p_{s+t-1}-\alpha q_{s+t-1}),$$

即 α 满足整系数二次方程

$$Ax^2+Bx+C=0, \tag{10.3.2}$$

其中

$$\begin{aligned}A&=q_sq_{s+t-1}-q_{s+t}q_{s-1},\\B&=q_{s+t}p_{s-1}+p_{s+t}q_{s-1}-p_sq_{s+t-1}-q_sp_{s+t-1},\\C&=p_sp_{s+t-1}-p_{s+t}p_{s-1}.\end{aligned}$$

由于 α 是无限连分数, 所以是实无理数, 因此方程 (10.3.1) 和 (10.3.2) 都是不可约的. 所以, 我们有如下结论.

定理 10.3.1 任何循环连分数表示一个不可约整系数二次方程的实根. □

从定理 10.3.1 的证明中可知, α 满足方程 (10.3.1). 设

$$f(x)=q_tx^2+(q_{t-1}-p_t)x-p_{t-1}=0,$$

则由 $a_t\geqslant 1$ 及 $p_i>0,q_i>0(i\geqslant 1)$ 可知

$$\begin{aligned}f(0)&=-p_{t-1}<0,\\f(-1)&=q_t-(q_{t-1}-p_t)-p_{t-1}=(q_t-q_{t-1})+(p_t-p_{t-1})\\&=(a_t-1)(q_{t-1}+p_{t-1})+q_{t-2}+p_{t-2}>0,\end{aligned}$$

因此, 方程 (10.3.1) 必有一根在 -1 与 0 之间. 由于 $a_1,a_2,\cdots,a_n,\cdots$ 都是正整数, 所以 $\alpha>0$, 即这个根不是 α. 所以, 可以得到如下结论.

定理 10.3.2　设 $\alpha = \langle \dot{a}_1, \cdots, \dot{a}_t \rangle$ 是纯循环连分数, 则它所满足的二次方程的另一个根在 -1 与 0 之间. □

对于二次不可约整系数方程

$$Ax^2 + Bx + C = 0, \tag{10.3.3}$$

假设它的实根是 α, 则因为方程 (10.3.3) 是不可约的, 所以 α 是无理数, 因此, 由定理 10.2.2, 它可以表示成无限简单连分数, 设

$$\alpha = \langle a_1, a_2, \cdots, a_n, \cdots \rangle.$$

记 $\alpha_n = \langle a_{n+1}, a_{n+2}, \cdots \rangle$, 则

$$\alpha = \langle a_1, a_2, \cdots, a_n, \alpha_n \rangle,$$

由定理 10.1.1, 得到

$$\alpha = \frac{\alpha_n p_n + p_{n-1}}{\alpha_n q_n + q_{n-1}},$$

将此式代入式 (10.3.3), 可知 α_n 满足方程

$$A_n x^2 + B_n x + C_n = 0, \tag{10.3.4}$$

其中

$$\begin{cases} A_n = Ap_n^2 + Bp_nq_n + Cq_n^2, \\ B_n = 2Ap_np_{n-1} + B(p_nq_{n-1} + p_{n-1}q_n) + 2Cq_nq_{n-1}, \\ C_n = Ap_{n-1}^2 + Bp_{n-1}q_{n-1} + Cq_{n-1}^2 = A_{n-1}. \end{cases} \tag{10.3.5}$$

由推论 10.2.1,

$$p_n = \alpha q_n + \frac{\delta_n}{q_n}, \quad |\delta_n| < 1.$$

因此, 由于 α 满足方程 (10.3.3), 有

$$\begin{aligned} A_n &= A\left(\alpha q_n + \frac{\delta_n}{q_n}\right)^2 + B\left(\alpha q_n + \frac{\delta_n}{q_n}\right)q_n + Cq_n^2 \\ &= q_n^2(A\alpha^2 + B\alpha + C) + 2A\alpha\delta_n + A\frac{\delta_n^2}{q_n^2} + B\delta_n \\ &= 2A\alpha\delta_n + A\frac{\delta_n^2}{q_n^2} + B\delta_n, \end{aligned}$$

$$|A_n| \leqslant |A|(2|\alpha| + 1) + |B|. \tag{10.3.6}$$

由式 (10.3.5) 又推出

$$|C_n| \leqslant |A|(2|\alpha| + 1) + |B|. \tag{10.3.7}$$

此外, 容易验证

$$B_n^2 - 4A_nC_n = (B^2 - 4AC)(p_nq_{n-1} - p_{n-1}q_n)^2 = B^2 - 4AC,$$

我们看到, 存在只与 A, B, C 及 α 有关的 M, 使得

$$|B_n| \leqslant M. \tag{10.3.8}$$

由式 (10.3.6)~(10.3.8) 可知, 对于 $n = 1, 2, 3, \cdots$, 数组$\{A_n, B_n, C_n\}$只有有限多个不同的取法, 因此, 至少有三组是相同的, 即存在正整数 $n_1, n_2, n_3, n_1 < n_2 < n_3$, 使得

$$\begin{aligned} A_{n_1} &= A_{n_2} = A_{n_3} = A_0, \\ B_{n_1} &= B_{n_2} = B_{n_3} = B_0, \\ C_{n_1} &= C_{n_2} = C_{n_3} = C_0. \end{aligned}$$

这样, $\alpha_{n_1}, \alpha_{n_2}, \alpha_{n_3}$ 满足同一个方程

$$A_0x^2 + B_0x + C_0 = 0. \tag{10.3.9}$$

但是方程 (10.3.9) 至多有两个不同的解, 所以 $\alpha_{n_1}, \alpha_{n_2}, \alpha_{n_3}$ 中必有两个相同, 设是 $\alpha_{n_1} = \alpha_{n_2}$, 则

$$\langle a_{n_1+1}, a_{n_1+2}, \cdots\rangle = \langle a_{n_2+1}, a_{n_2+2}, \cdots\rangle. \tag{10.3.10}$$

由于 α_{n_1} 和 α_{n_2} 都是无限简单连分数, 所以, 由式 (10.3.10) 及定理 10.2.3, 得到

$$a_{n_1+i} = a_{n_2+i}, \quad i = 1, 2, \cdots.$$

因此

$$\langle a_{n_1+1}, a_{n_1+2}, \cdots\rangle = \langle \dot{a}_{n_1+1}, a_{n_1+2}, \cdots, \dot{a}_{n_2}\rangle.$$

这说明 $\alpha = \langle a_1, a_2, \cdots a_{n_1}, a_{n_1+1}, \cdots\rangle$ 是循环连分数. 所以, 可得到如下结论.

定理 10.3.3 设 α 是二次不可约整系数方程

$$Ax^2 + Bx + C = 0$$

的实根, 则 α 的简单连分数是循环连分数. □

例 10.3.1 设 a, b, c 是正整数, $b = ac$, 求连分数

$$x = b + \frac{1}{a+}\frac{1}{b+}\frac{1}{a+}\cdots = \langle \dot{b}, \dot{a}\rangle$$

的值.

解　由

$$x=\langle b,a,x\rangle=b+\cfrac{1}{a+\cfrac{1}{x}}=b+\frac{x}{ax+1},$$

得到

$$ax^2-abx-b=0,$$

即

$$x^2-bx-c=0,$$

于是

$$x=\frac{b+\sqrt{b^2+4c}}{2}.$$

例 10.3.2　求 $\alpha=\langle\dot{1},2,\dot{3}\rangle$ 之值.

解　由定理 10.3.1 的证明可知, α 满足方程

$$q_3x^2+(q_2-p_3)x-p_2=0, \tag{10.3.11}$$

其中, 由定理 10.1.1, 有

$$\begin{aligned}&a_1=1, \quad a_2=2, \quad a_3=3,\\&p_1=1, \quad p_2=3, \quad p_3=10,\\&q_1=1, \quad q_2=2, \quad q_3=7.\end{aligned}$$

将上面的数值代入方程 (10.3.11), 并求解, 得到

$$x=\frac{8\pm\sqrt{64+4\cdot3\cdot7}}{14}=\frac{8\pm\sqrt{148}}{14}=\frac{4\pm\sqrt{37}}{7},$$

显然 α 是正数, 所以 $\alpha=\dfrac{4+\sqrt{37}}{7}$.

习　题　10.3

1. 将方程 $3x^2+2x-2=0$ 的正根写成连分数.

2. 求 $\alpha=\langle1,\dot{2},\dot{3}\rangle$ 之值.

3. 设 a 是正整数, 求 $\sqrt{a^2+1}$ 的连分数.

4. 设无理数 $\sqrt{d}=\langle a_1,a_2,\cdots,a_n,\cdots\rangle$ 的第 k 个渐近分数为 $\dfrac{p_k}{q_k}$, 证明: $\sqrt{d}=\langle a_1,\dot{a}_2,\cdots,a_n,2\dot{a}_1\rangle$ 的充要条件是

$$p_n=a_1q_n+q_{n-1}, \quad dq_n=a_1p_n+p_{n-1}.$$

5. 设无理数 $\sqrt{d}=\langle a_1,a_2,\cdots,a_n,\cdots\rangle$ 的第 k 个渐近分数为 $\dfrac{p_k}{q_k}$, 且正整数 n 使得

$$p_n=a_1q_n+q_{n-1}, \quad dq_n=a_1p_n+p_{n-1},$$

证明:

(i) 当 n 为偶数时, p_n, q_n 是不定方程 $x^2-dy^2=1$ 的解;

(ii) 当 n 为奇数时, p_{2n}, q_{2n} 是不定方程 $x^2-dy^2=1$ 的解.

10.4 实数的 b 进制表示

设 b 是大于 1 的整数. 由定理 1.1.4 我们知道, 任何正整数 a 都可以写成

$$a=a_kb^k+a_{k-1}b^{k-1}+\cdots+a_1b+a_0 \tag{10.4.1}$$

的形式, 其中 $a_k\neq 0, a_i(0\leqslant i\leqslant k)$ 是在 0 与 $b-1$ 之间唯一确定的整数.

在习题 1.1 中证明了, 对于任意的正整数 k, 存在唯一确定的整数 $0\leqslant a_i\leqslant b-1(0\leqslant i\leqslant k)$ 及实数 $0\leqslant \alpha_k<1$, 使得

$$\alpha=\frac{a_1}{b}+\frac{a_2}{b^2}+\cdots+\frac{a_k}{b^k}+\frac{\alpha_k}{b^k}. \tag{10.4.2}$$

如果有某个 k 使得 $\alpha_k=0$, 则 α 是有理数. 这时

$$\alpha=\frac{a_1}{b}+\frac{a_2}{b^2}+\cdots+\frac{a_k}{b^k} \tag{10.4.3}$$

$$=\frac{a_1}{b}+\frac{a_2}{b^2}+\cdots+\frac{a_k-1}{b^k}+\frac{b-1}{b^{k+1}}+\frac{b-1}{b^{k+2}}+\cdots, \tag{10.4.4}$$

即 α 有两种表示方法.

如果 $\alpha_k\neq 0(k\geqslant 1)$, 不断进行以上过程, 我们就得到了一个无穷级数

$$\sum_{i=1}^{\infty}\frac{a_i}{b^i},\quad 0\leqslant a_i\ \leqslant b-1,\ i\geqslant 1.$$

因为

$$\frac{\alpha_k}{b^k}\to 0\quad (k\to\infty),$$

所以, 由式 (10.4.1) 可知

$$\alpha=\sum_{i=1}^{\infty}\frac{a_i}{b^i},$$

即任何小于 1 的正实数 α 都可以写成

$$\alpha=\sum_{i=1}^{\infty}\frac{a_i}{b_i},\quad 0\leqslant a_i\leqslant b-1,\ i\geqslant 1, \tag{10.4.5}$$

其中 $a_i(i\geqslant 1)$ 是唯一确定的.

这样, 我们可得到如下两个结论.

定理 10.4.1　设 b 是大于 1 的整数, 则任何小于 1 的正实数 α 都可以表示为

$$\alpha=\sum_{i=1}^{\infty}\frac{a_i}{b_i},\quad 0\leqslant a_i\leqslant b-1,\ i\geqslant 1.$$

此外,

(1) 若对于任意的正整数 m, 都有某个 $n>m$, 使得 $a_n\neq b-1$, 则 α 的表示式 (10.4.1) 式是唯一的.

(2) 若存在正整数 m, 使得 $a_i=b-1(i\geqslant k+1)$, 则 α 是有理数, 并且有两种形如 (10.4.3) 式和 (10.4.4) 式的表示. □

定理 10.4.2　设 b 是大于 1 的整数, 则任何实数 α 都可以唯一地写成

$$\alpha=\sum_{i=-\infty}^{k}a_ib^i,\quad 0\leqslant a_i\leqslant b-1,\ i\leqslant k \tag{10.4.6}$$

的形式, 其中, 对于任何正整数 m, 都存在 $n>m$, 使得 $a_{-n}<b-1$. □

定义 10.4.1　设 α 是正实数, 若式 (10.4.6) 成立, 则记为

$$\alpha=(a_ka_{k-1}\cdots a_1a_0.a_{-1}a_{-2}\cdots)_b, \tag{10.4.7}$$

并称它是 α 的 b 进制表示, 称 $a_i(i\leqslant k)$ 是 α 的 b 进制表示的位数码.

当 $b=10$ 时, 就是通常的十进制记数法, 此时常略去式 (10.4.7) 中的括号和下标 $b=10$.

此外, 称 $(a_ka_{k-1}\cdots a_1a_0)_b$ 与 $(0.a_{-1}a_{-2}\cdots)_b$ 分别是 α 的 b 进制表示的整数部分和小数部分.

定义 10.4.2　设 α 是实数, $0<\alpha<1,\alpha$ 的 b 进制表示是

$$\alpha=(0.c_1c_2c_3\cdots)_b, \tag{10.4.8}$$

则称它是一个 b 进制小数. 若存在整数 $s\geqslant 0,t>0$, 使得

$$c_{s+i}=c_{s+i+kt},\quad i=1,2,\cdots,t,\quad k=0,1,2,\cdots \tag{10.4.9}$$

成立, 则称式 (10.4.8) 中的 b 进制小数是循环小数, 并记作

$$\alpha=(0.c_1\cdots c_s\dot{c}_{s+1}\cdots\dot{c}_{s+t})_b.$$

若使式 (10.4.9) 成立的最小的 s 和 t 分别是 s_0 和 t_0, 则称$\{c_{s_0+1},\cdots,c_{s_0+t_0}\}$是循环节; 若 $s_0=0$, 则称式 (10.4.8) 中的小数是 (b 进制) 纯循环小数.

下面, 我们讨论数的十进制表示的小数的循环性. 为方便计, 将使用记号 $\overline{a_na_{n-1}\cdots a_1a_0}$ 表示整数 $(a_na_{n-1}\cdots a_1a_0)_{10}$, 用 $0.a_1a_2\cdots$ 表示小数 $(0.a_1a_2\cdots)_{10}$.

设有循环小数

$$\alpha = 0.a_1 \cdots a_s b_1 \cdots b_t b_1 \cdots b_t \cdots,$$

记 $\overline{a_1 \cdots a_s} = A, \overline{b_1 \cdots b_t} = B$, 则

$$\begin{aligned}\alpha &= \overline{a_1 \cdots a_s} \cdot \frac{1}{10^s} + \overline{b_1 \cdots b_t}\left(\frac{1}{10^{s+t}} + \frac{1}{10^{s+2t}} + \cdots\right) \\ &= \frac{1}{10^s}\left(A + B\left(\frac{1}{10^t} + \frac{1}{10^{2t}} + \cdots\right)\right) \\ &= \frac{1}{10^s}\left(A + B\frac{1}{10^t - 1}\right) = \frac{A(10^t - 1) + B}{10^s(10^t - 1)}.\end{aligned}$$

由此得到下面的定理.

定理 10.4.3 循环小数表示有理数. □

对于纯循环小数 $\alpha = 0.b_1 \cdots b_t b_1 \cdots b_t \cdots$, 由定理 10.4.3 可知

$$\alpha = \frac{a}{b} = \frac{B}{10^t - 1},$$

其中 a 与 b 都是正整数. 上式给出 $a(10^t - 1) = bB$. 如果 $(a, b) = 1$, 则 $b | 10^t - 1$, 于是 $(b, 10) = 1$. 这就是下面的推论.

推论 10.4.1 纯循环小数表示有理数 $\frac{a}{b}$; 若 $(a, b) = 1$, 则 $(b, 10) = 1$. □

设 a 与 b 是正整数, $0 < a < b, (a, b) = 1$, 并且 $(b, 10) = 1$, 由 Euler 定理可知, 有正整数 k, 使得

$$10^k \equiv 1 (\bmod\ b), \quad 0 < k \leqslant \varphi(b),$$

因此存在整数 q 使得

$$10^k a = qb + a, \quad 10^k \frac{a}{b} = q + \frac{a}{b}, \tag{10.4.10}$$

其中 $0 < q = (10^k - 1)\frac{a}{b} < 10^k - 1$, 即 q 具有 $\overline{a_k a_{k-1} \cdots a_1}$ 的形式, 而且 $a_k, \cdots, a_1$ 不能都等于 0, 也不能都等于 9. 由式 (10.4.10), 有

$$(10^k - 1)\frac{a}{b} = q = \overline{a_k a_{k-1} \cdots a_1},$$

$$\begin{aligned}\frac{a}{b} &= \overline{a_k a_{k-1} \cdots a_1}\frac{1}{10^k - 1} = \overline{a_k a_{k-1} \cdots a_1}\left(\frac{1}{10^k} + \frac{1}{10^{2k}} + \cdots\right) \\ &= 0.a_k a_{k-1} \cdots a_1 a_k a_{k-1} \cdots a_1 \cdots.\end{aligned}$$

由以上分析, 可以得到如下结论.

定理 10.4.4 设 a 与 b 是正整数, $0 < a < b, (a, b) = 1$, 并且 $(b, 10) = 1$, 则 $\frac{a}{b}$ 的十进制表示是纯循环小数. □

下面我们在定理 10.4.4 的条件下作进一步分析.

设 $b=2^{\alpha}5^{\beta}b_1,(b_1,10)=1,b_1\neq 1$, 此处 α 与 β 是不全为零的正整数. 不妨假设 $\mu=\beta\geqslant\alpha$, 于是

$$10^{\mu}\frac{a}{b}=\frac{2^{\beta-\alpha}a}{b_1}=M+\frac{a_1}{b_1}, \tag{10.4.11}$$

其中 $0<a_1<b_1, 0\leqslant M<10^{\mu}$, 并且

$$(a_1,b_1)=(2^{\beta-\alpha}a-Mb_1,b_1)=(2^{\beta-\alpha}a,b_1)=(a,b_1)=1.$$

因此, 由定理 10.4.4, $\dfrac{a_1}{b_1}$ 可以表示成纯循环小数:

$$\frac{a_1}{b_1}=0.c_1\cdots c_kc_1\cdots c_k\cdots=0.\dot{c}_1\cdots\dot{c}_k. \tag{10.4.12}$$

记 $M=m_1 10^{\mu-1}+m_2 10^{\mu-2}+\cdots+m_{\mu}(0\leqslant m_i\leqslant 9, 1\leqslant i\leqslant\mu)$, 则由式 (10.4.11) 及式 (10.4.12) 得到

$$\begin{aligned}\frac{a}{b}&=\frac{1}{10^{\mu}}M+\frac{1}{10^{\mu}}\frac{a_1}{b_1}\\&=0.m_1\cdots m_{\mu}+\frac{1}{10^{\mu}}\cdot 0.\dot{c}_1\cdots\dot{c}_k=0.m_1\cdots m_{\mu}\dot{c}_1\cdots\dot{c}_k.\end{aligned} \tag{10.4.13}$$

下面要说明, 上式中的 μ 是最小的不循环位数码的个数. 若不然, 设又有正整数 λ, 使得

$$\frac{a}{b}=0.m_1'\cdots m_{\lambda}'\dot{c}_1'\cdots\dot{c}_l',$$

于是

$$10^{\lambda}\frac{a}{b}=\overline{m_1'\cdots m_{\lambda}'}+0.\dot{c}_1'\cdots\dot{c}_l'.$$

由推论 10.4.1, 有

$$0.\dot{c}_1'\cdots\dot{c}_l'=\frac{a_1'}{b_1'},$$

其中 $(b_1',10)=1$, 因此,

$$10^{\lambda}\frac{a}{b}=\overline{m_1'\cdots m_{\lambda}'}+\frac{a_1'}{b_1'}=\frac{a'}{b_1'},$$
$$10^{\lambda}ab_1'=ba'.$$

上式右端可以被 5^{μ} 整除, 但是 $(a,10)=1,(b_1',10)=1$, 所以 $5^{\mu}|10^{\lambda},\mu\leqslant\lambda$. 这就说明了, 式 (10.4.13) 中的不循环位数码个数不能再少了. 因此有如下结论.

定理 10.4.5 设 a 与 b 是正整数, $0<a<b,(a,b)=1$, 并且

$$b=2^{\alpha}5^{\beta}b_1,\quad (b_1,10)=1,\ b_1\neq 1,$$

此处 α 与 β 是不全为零的正整数, 则 $\dfrac{a}{b}$ 可以表示成循环小数, 其中不循环的位数码个数是 $\mu=\max\{\alpha,\beta\}$. □

例 10.4.1 写出 1235 的七进制表示和九进制表示.

解 (i) 由

$$
\begin{aligned}
1235&=176\cdot 7+3,\\
176&=25\cdot 7+1,\\
25&=3\cdot 7+4,
\end{aligned}
$$

得到 $1235=(3413)_7$.

(ii) 由

$$
\begin{aligned}
1235&=137\cdot 9+2,\\
137&=15\cdot 9+2,\\
15&=1\cdot 9+6,
\end{aligned}
$$

得到 $1235=(1622)_9$.

例 10.4.2 将整数 $(1212)_3$ 用十进制表示.

解 $(1212)_3=1\cdot 3^3+2\cdot 3^2+1\cdot 3^1+2\cdot 3^0=27+18+3+2=50$.

例 10.4.3 设 n 是正整数, 证明: 在 $-\dfrac{1}{2}(3^n-1)$ 与 $\dfrac{1}{2}(3^n-1)$ 之间的任意整数 k, 可以唯一地表示成

$$
k=\sum_{i=0}^{n-1}b_i3^i,\quad b_i=-1,\ 0\ 或\ 1,\ 0\leqslant i\leqslant n-1.
$$

解 由定理 10.4.1 容易看出, 对任意的整数 $m, 0\leqslant m\leqslant 3^n-1$, 有

$$
m=\sum_{i=0}^{n-1}a_i3^i,\ 0\leqslant a_i\ \leqslant 2, 0\leqslant i\leqslant n-1.
$$

当

$$
-\frac{1}{2}(3^n-1)\leqslant k\leqslant \frac{1}{2}(3^n-1)
$$

时, 有

$$
0\leqslant k+\frac{1}{2}(3^n-1)\leqslant 3^n-1,
$$

因此, 存在唯一的整数 $a_{n-1},a_{n-2},\cdots,a_1,a_0$, 使得

$$
k+\sum_{i=0}^{n-1}3^i=\sum_{i=0}^{n-1}a_i3^i,\quad 0\leqslant a_i\leqslant 2,\ 0\leqslant i\leqslant n-1,
$$

$$
k=\sum_{i=0}^{n-1}(a_i-1)3^i,\quad -1\leqslant a_i-1\leqslant 1,\ 0\leqslant i\leqslant n-1.
$$

这个例子表明,用重量分别是 $1, 3, 3^2, \cdots, 3^{n-1}$ 的砝码, 可以在天平上称量出不超过 $\frac{1}{2}(3^n - 1)$ 的任何整数值的重量.

习　题　10.4

1. 证明定理 10.4.3.
2. 写出 789 的二进制表示和五进制表示.
3. 求 $\frac{8}{21}$ 的小数的循环节.
4. 证明：七进制表示的整数是偶数的充要条件是它的各位数字之和为偶数.
5. 证明：既约正分数 $\frac{m}{n}$ 的 b 进制小数 $(0.a_{-1}a_{-2}a_{-3}\cdots)_b$ 为有限小数的充要条件是 n 的每个素因数都是 b 的素因数.

第11章　平　方　和

本章中要研究整数用整数的平方数之和表示的可能性, 即对于给定的整数 n, 是否存在整数 x_1, x_2, x_3, x_4, 使得

$$n = {x_1}^2 + {x_2}^2, \quad n = {x_1}^2 + {x_2}^2 + {x_3}^2, \quad n = {x_1}^2 + {x_2}^2 + {x_3}^2 + {x_4}^2$$

成立? 以下, "平方和" 或 "平方数之和" 是指 "整数的平方数之和".

11.1　二平方之和

设 $n = x^2 + y^2$, p 是它的一个奇素因数,

$$p^\alpha | n, \quad p^{\alpha+1} \nmid n,$$

则

$$x^2 + y^2 \equiv 0 (\bmod p^\alpha). \tag{11.1.1}$$

那么有两个可能的情形:

(i) $p \nmid y$, 则存在整数 y', 使得 $yy' \equiv 1 \ (\bmod p)$, 于是由式 (11.1.1) 得到

$$(xy')^2 + 1 \equiv 0 (\bmod p),$$

即 $-1 \in \mathrm{QR}(p)$. 由推论 8.1.1 得到

$$p \equiv 1 (\bmod 4).$$

(ii) $p | y$, 则由式 (11.1.1) 可知 $p | x$, 以及

$$\left(\frac{x}{p}\right)^2 + \left(\frac{y}{p}\right)^2 \equiv 0 (\bmod p^{\alpha-2}). \tag{11.1.2}$$

若 α 是奇数, $\alpha = 2m + 1$, 那么, 类似于上面的推导, 可依次得到

$$\left(\frac{x}{p^2}\right)^2 + \left(\frac{y}{p^2}\right)^2 \equiv 0 (\bmod p^{\alpha-4}),$$

$$\left(\frac{x}{p^3}\right)^2 + \left(\frac{y}{p^3}\right)^2 \equiv 0 (\bmod p^{\alpha-6}),$$

$$\cdots\cdots$$

$$\left(\frac{x}{p^m}\right)^2+\left(\frac{y}{p^m}\right)^2\equiv 0(\bmod p). \tag{11.1.3}$$

若 $p\nmid\frac{y}{p^m}$, 则由情形 (i) 的讨论可知 $p\equiv 1 \pmod 4$.

综合以上讨论, 得到下面的定理.

定理 11.1.1　正整数 n 可以表示成两个整数的平方之和的必要条件是在它的标准分解式

$$n=p_1^{\alpha_1}p_2^{\alpha_2}\cdots p_k^{\alpha_k}$$

中, 形如 $4k+3$ 的素因数的指数是偶数. □

下面研究正整数 n 可以表示成两个整数的平方之和的充分条件.

由定理 11.1.1, 如果 n 可以表示成两个整数的平方之和, 则它的标准分解式应是

$$n=2^{\alpha_0}p_1^{\alpha_1}\cdots p_r^{\alpha_r}q_1^{2\beta_1}\cdots q_s^{2\beta_s}$$

的形式, 其中 $p_i(1\leqslant i\leqslant r)$ 是形如 $4k+1$ 的素数, $q_i(1\leqslant i\leqslant s)$ 是形如 $4k+3$ 的素数.

显然

$$2=1^2+1^2,\quad q_i^{2\beta_i}=\left(q_i^{\beta_i}\right)^2+0^2\quad(1\leqslant i\leqslant s)$$

都是二平方数之和.

每个平方数当然是两个平方之和. 容易验证

$$(a^2+b^2)(c^2+d^2)=(ac+bd)^2+(ad-bc)^2,$$

即两个二平方和的乘积仍是二平方和. 因此,

$$2^{\alpha_0}q_1^{2\beta_1}\cdots q_s^{2\beta_s}$$

是二平方和. 这样, 考察 n 表示成二平方和的问题就归结为对形如 $4k+1$ 的素数表示成二平方和问题的研究.

设 p=4k+1 是素数, 由推论 8.1.1 可知, 存在整数 n, 使得 $p|n^2+1$. 我们用归纳法考察 n^2+1 的素因数是否二平方和.

当 $n=1$ 时, n^2+1=2, 它的素因数是二平方之和.

假设当 $n<m(m>1)$ 时, n^2+1 的每一个素因数都可以表示成二平方数之和.

我们考察 $n=m$ 的情况. 设

$$m^2+1=p_1p_2\cdots p_k, \tag{11.1.4}$$

其中 $p_i(1 \leqslant i \leqslant k)$ 是素数, $p_1 \leqslant p_2 \leqslant \cdots \leqslant p_k$.

(i) 如果 $p_k < m$, 那么对于任何 i, $1 \leqslant i \leqslant k$, 都有 $p_i < m$, 因此 $m - p_i < m$, 并且 $p_i|(m-p_i)^2+1$, 所以, 由归纳假设, p_i 可以表示成二平方数之和.

(ii) 如果 $p_k \geqslant m$, 则由式 (11.1.4) 可知 $p_k \geqslant m+1$, 于是

$$p_i < m(1 \leqslant i \leqslant k-1),$$

所以, 由结论 (i), $p_1, p_2, \cdots, p_{k-1}$ 都可以表示成二平方数之和.

记 $p = p_1$, 则有 x, y, k 使得

$$x^2 + y^2 = p, \quad m^2 + 1 = pk, \tag{11.1.5}$$

由此得到

$$1 \equiv -m^2 (\text{mod } p), \quad x^2 \equiv -y^2 (\text{mod } p), \tag{11.1.6}$$

$$x^2 \equiv m^2 y^2 (\text{mod } p),$$

$$(x - my)(x + my) \equiv 0 (\text{mod } p),$$

因此, 必有

$$x \equiv my \quad 或 \quad x \equiv -my (\text{mod } p).$$

若 $x \equiv my$ (mod p), 则由式 (11.1.5) 及式 (11.1.6) 得到

$$(x - my)^2 + (y + mx)^2 = (x^2 + y^2)(1 + m^2) = p^2 k,$$

于是 $p|y + mx$, 因此

$$\left(\frac{x - my}{p}\right)^2 + \left(\frac{y + mx}{p}\right)^2 = k,$$

即 k 能表示成二平方数之和.

若 $nx \equiv -my$ (mod p), 类似地可以证明 k 能表示成二平方数之和.

这样, 我们证明了: 在 (11.1.4) 中, 存在 r, s, 使得

$$r^2 + s^2 = p_1 p_2 \cdots p_k.$$

由于 p_2 是二平方和, 所以有 x, y, 使得

$$x^2 + y^2 = p_2, \quad r^2 + s^2 = p_2 \cdots p_k. \tag{11.1.7}$$

利用前面从 (11.1.5) 式推出 $p_2 \cdots p_k$ 是平方和的方法, 由 (11.1.7) 式可推出 $p_3 \cdots p_k$ 是二平方和.

重复上述过程, 最后推出 p_k 是二平方和. 这样, 由归纳法, 我们可得到如下结论.

定理 11.1.2　对于任意的自然数 n, n^2+1 的素因数都可以表示成二平方数之和. □

推论 11.1.1　形如 $4k+1$ 的素数可以表示成二平方和. □

综合以上分析以及定理 11.1.1 和推论 11.1.1, 得到如下结论.

定理 11.1.3　正整数 n 能表示成二平方数之和的充要条件, 是在它的标准分解式中, 形如 $4k+3$ 的素因数的指数是偶数. □

例 11.1.1　正整数 n 能表示成不同的两个平方数之差的充要条件是

$$n \not\equiv 2 (\bmod\ 4). \tag{11.1.8}$$

解　必要性　对任意的整数 x, $x^2 \equiv 0$ 或 $1 (\bmod\ 4)$, 因此, 对于任意的整数 x, y, 有

$$x^2 - y^2 \equiv 0,\ 1,\ 3 (\bmod\ 4). \tag{11.1.9}$$

必要性得证.

充分性　若 $n \equiv 1$ 或 $3\ (\bmod\ 4)$, 则 $n+1$ 与 $n-1$ 都是偶数, 于是

$$n = \left(\frac{n+1}{2}\right)^2 - \left(\frac{n-1}{2}\right)^2.$$

若 $n \equiv 0\ (\bmod\ 4)$, 则

$$n = \left(\frac{n}{4}+1\right)^2 - \left(\frac{n}{4}-1\right)^2.$$

例 11.1.2　设 p 是素数, $a \geqslant b > 0$, $x \geqslant y > 0$, $(a, b) = (x, y) = 1$, 且

$$p = a^2 + b^2 = x^2 + y^2, \tag{11.1.10}$$

则 $a = x$, $b = y$.

解　由定理 11.1.1, $p = 2$ 或 $p \equiv 1\ (\bmod\ 4)$.

若 $p = 2$, 结论显然成立.

若 $p \equiv 1\ (\bmod\ 4)$, 由推论 8.1.1, 存在整数 c, 使得

$$c^2 \equiv -1 (\bmod\ p), \quad c \neq 0. \tag{11.1.11}$$

由式 (11.1.10) 及式 (11.1.11), 有

$$a^2 + b^2 \equiv 0 (\bmod\ p),$$

$$a^2 \equiv -b^2 (\bmod\ p),$$

$$a^2 \equiv c^2b^2 (\bmod p),$$

即

$$a^2 - c^2b^2 \equiv 0 (\bmod p),$$

所以

$$a \equiv cb \quad 或 \quad a \equiv -cb \ (\bmod p). \tag{11.1.12}$$

同理, 有

$$x \equiv cy \quad 或 \quad x \equiv -cy (\bmod p). \tag{11.1.13}$$

由式 (11.1.12) 与式 (11.1.13), 可知下面四种情形可能发生:

(i) $a \equiv cb \ (\bmod p)$, $x \equiv cy \ (\bmod p)$;

(ii) $a \equiv -cb \ (\bmod p)$, $x \equiv cy \ (\bmod p)$;

(iii) $a \equiv cb \ (\bmod p)$, $x \equiv -cy \ (\bmod p)$;

(iv) $a \equiv -cb \ (\bmod p)$, $x \equiv -cy \ (\bmod p)$.

假设情形 (i) 发生, 则

$$ay \equiv cby (\bmod p), \quad bx \equiv cby (\bmod p),$$

$$ay \equiv bx (\bmod p). \tag{11.1.14}$$

利用式 (11.1.10), 有

$$p^2 = (ax + by)^2 + (ay - bx)^2, \tag{11.1.15}$$

$$(ay - bx)^2 < p^2.$$

因此, 由上式及式 (11.1.14) 得到$ay = bx$. 由于 $(a, b) = (x, y) = 1$, 所以由式 (11.1.15) 可得到 $a = x$, $b = y$.

在情形 (ii), (iii), (iv) 发生时, 可用同样方法进行证明.

习 题 11.1

1. 设 n 是正整数, 证明: 不定方程 $x^2 + y^2 = z^n$ 总有正整数解 x, y, z.
2. 设 p 是奇素数, $(k, p) = 1$, 则

$$\sum_{i=0}^{p-1} \left(\frac{i(i+k)}{p} \right) = -1,$$

此处 $\left(\frac{a}{p} \right)$ 是 Legender 符号.

3. 设素数 $p\equiv 1 \pmod 4$, $(k, p) = 1$, 记

$$S(k) = \sum_{i=0}^{p-1} \left(\frac{i(i^2+k)}{p}\right),$$

则 $2|S(k)$, 并且, 对于任何整数 t, 有

$$S(kt^2) = \left(\frac{t}{p}\right) S(k),$$

此处 $\left(\frac{a}{p}\right)$ 是 Legender 符号.

4. 设 p 是奇素数, $\left(\frac{m}{p}\right) = 1$, $\left(\frac{n}{p}\right) = -1$, 则

$$m\cdot 1^2, m\cdot 2^2, \cdots, m\cdot \left(\frac{p-1}{2}\right)^2, n\cdot 1^2, n\cdot 2^2, \cdots, n\cdot \left(\frac{p-1}{2}\right)^2$$

构成模 p 的一个简化剩余系.

5. 在第 3 题的条件下, 并沿用第 2 题的记号, 有

$$p = \left(\frac{1}{2}S(m)\right)^2 + \left(\frac{1}{2}S(n)\right)^2.$$

即上式给出了形如 $4k+1$ 的素数的二平方和表示的具体方法.

6. 利用题 5 的结论, 试将 $p = 13$ 写成二平方和.

11.2　四平方之和

现在我们研究正整数表示成四平方数之和的可能性.

如果 a 与 b 都可以表示成四平方数之和, 设

$$a = {x_1}^2 + {x_2}^2 + {x_3}^2 + {x_4}^2, \quad b = {y_1}^2 + {y_2}^2 + {y_3}^2 + {y_4}^2,$$

则

$$\begin{aligned}
&({x_1}^2 + {x_2}^2 + {x_3}^2 + {x_4}^2)({y_1}^2 + {y_2}^2 + {y_3}^2 + {y_4}^2)\\
=&(x_1y_1 + x_2y_2 + x_3y_3 + x_4y_4)^2 + (x_1y_2 - x_2y_1 + x_3y_4 - x_4y_3)^2\\
&+(x_1y_3 - x_3y_1 + x_4y_2 - x_2y_4)^2 + (x_1y_4 - x_4y_1 + x_2y_3 - x_3y_2)^2.
\end{aligned}$$

因此, 有如下结论.

引理 11.2.1　若 a 与 b 都可以表示成四平方数之和, 则 ab 也可表成四平方之和. □

这个引理使得我们只需考查每个素数 p 是否是四平方之和.

显然 p=2 可以表示为四平方之和.

设素数 $p > 2$. 考虑集合

$$A = \left\{0^2, 1^2, 2^2, \cdots, \left(\frac{p-1}{2}\right)^2\right\}$$

与

$$B = \left\{-1-0^2, -1-1^2, -1-2^2, \cdots, -1-\left(\frac{p-1}{2}\right)^2\right\},$$

它们都含有 $\frac{p+1}{2}$ 个元素, 因此, 在和集 $A \cup B$ 中必有两个数对模 p 同余. 容易证明这两个数不可能同属于 A 或 B, 所以必有整数 x_0, y_0 及 $m_0 \geqslant 1$, 使得

$$x_0{}^2 + y_0{}^2 + 1 = m_0 p, \quad 0 \leqslant x_0, y_0 \leqslant \frac{p-1}{2}. \tag{11.2.1}$$

由于 $p > 2$, 我们有

$$x_0{}^2 + y_0{}^2 + 1 \leqslant 2\left(\frac{p-1}{2}\right)^2 + 1 = \frac{p^2}{2} - p + \frac{3}{2} < \frac{p^2}{2},$$

即 $1 \leqslant m_0 < p$.

这样, 我们得到了如下结论.

引理 11.2.2 设素数 $p > 2$, 则存在整数 x_0, y_0 与 m_0, $1 \leqslant m_0 < p$, 使得

$$x_0{}^2 + y_0{}^2 + 1 = m_0 p.$$ □

引理 11.2.2 表明, 对于素数 $p > 2$, 存在 m_0, $1 \leqslant m_0 < p$, 使得 $m_0 p$ 可以表为四平方之和. 即存在整数 x_1, x_2, x_3, x_4, m_0, $1 \leqslant m_0 < p$ 使得

$$x_1{}^2 + x_2{}^2 + x_3{}^2 + x_4{}^2 = m_0 p. \tag{11.2.2}$$

如果所有使 (11.2.2) 式成立的 m_0 中有数 1, 那么素数 p 就是四平方之和.

假设 m_0 是使 (11.2.2) 式成立的最小的正整数.

容易看出, x_1, x_2, x_3, x_4 是互素的. 事实上, 记 $d = (x_1, x_2, x_3, x_4)$.

若 $d > 1$, 则存在素数 $q|d$. 由 (11.2.2) 式可知

$$q^2 | m_0 p. \tag{11.2.3}$$

因为 $(m_0, p) = 1$, 所以 $q^2|m_0$ 或 $q^2|p$. 由 m_0 的最小性, 可知 $q^2 \nmid m_0$. 但是, 因为 p 是素数, 所以 $q^2|p$ 也是不可能的. 因此, 必是 $d = 1$.

若 $2|m_0$, 则 x_1, x_2, x_3, x_4 中奇数的个数必是偶数, 所以不妨设 $2|x_1+x_2$, $2|x_3+x_4$, 由此及 (11.2.2) 式得到

$$\left(\frac{x_1+x_2}{2}\right)^2+\left(\frac{x_1-x_2}{2}\right)^2+\left(\frac{x_3+x_4}{2}\right)^2+\left(\frac{x_3-x_4}{2}\right)^2=\frac{m_0}{2}p,$$

这与 m_0 的最小性矛盾, 因此必是 $2\nmid m_0$. 因此, 若 $m_0>1$, 则 $m_0\geqslant 3$, 因此, 存在整数 y_1, y_2, y_3, y_4, 使得

$$y_i\equiv x_i(\mathrm{mod}\ m_0),\quad |y_i|<\frac{m_0}{2},\quad i=1,2,3,4. \tag{11.2.4}$$

如果 $y_1=y_2=y_3=y_4=0$, 则 $x_1\equiv x_2\equiv x_3\equiv x_4\equiv 0\ (\mathrm{mod}\ m_0)$, 由此及 (11.2.2) 式得到 $m_0|p$, $m_0=p$, 这不可能, 因此, 整数 y_1, y_2, y_3, y_4 不全为零.

由 (11.2.2) 式得到

$${y_1}^2+{y_2}^2+{y_3}^2+{y_4}^2\equiv {x_1}^2+{x_2}^2+{x_3}^2+{x_4}^2\equiv 0(\mathrm{mod}\ m_0).$$

由此及

$$0<{y_1}^2+{y_2}^2+{y_3}^2+{y_4}^2<4\cdot\left(\frac{m_0}{2}\right)^2={m_0}^2$$

可知存在整数 m_1, 使得

$${y_1}^2+{y_2}^2+{y_3}^2+{y_4}^2=m_0m_1,\quad 0<m_1<m_0. \tag{11.2.5}$$

记

$$z_1=x_1y_1+x_2y_2+x_3y_3+x_4y_4\equiv {x_1}^2+{x_2}^2+{x_3}^2+{x_4}^2\equiv 0(\mathrm{mod}\ m_0),$$

$$z_2=x_1y_2-x_2y_1+x_3y_4-x_4y_3\equiv 0(\mathrm{mod}\ m_0),$$

$$z_3=x_1y_3-x_3y_1+x_4y_2-x_2y_4\equiv 0(\mathrm{mod}\ m_0),$$

$$z_4=x_1y_4-x_4y_1+x_2y_3-x_3y_2\equiv 0(\mathrm{mod}\ m_0),$$

则由引理 11.2.1 及 (11.2.2) 式得到

$${z_1}^2+{z_2}^2+{z_3}^2+{z_4}^2={m_0}^2m_1p. \tag{11.2.6}$$

另一方面, 由于存在整数 $t_i(i=1,\ 2,\ 3,\ 4)$, 使得

$$z_i=m_0t_i\quad (i=1,2,3,4)$$

成立, 所以, 由 (11.2.6) 式得到

$${t_1}^2+{t_2}^2+{t_3}^2+{t_4}^2=m_1p,\quad 0<m_1<m_0.$$

这与 m_0 的最小性矛盾. 这个矛盾说明 $m_0 = 1$, 即素数 p 可以表示成 ${x_1}^2+{x_2}^2+{x_3}^2 + {x_4}^2$. 也就是如下结论成立.

定理 11.2.1 每个素数 p 都可以表示成四个平方数之和. □

由引理 11.2.1, 定理 11.2.1, 以及算术基本定理, 即有如下结论.

定理 11.2.2 每个正整数都可以表示成四平方之和. □

定理 11.2.2 引起的一个问题是: 是否每个正整数都可以表示成三平方之和?

由例 1.1.3 我们知道, 对任意的整数 x, 有

$$x^2 \equiv 0, 1 \text{ 或 } 4 (\bmod 8), \tag{11.2.7}$$

因此, 对任意的整数 x_1, x_2, x_3, 有

$${x_1}^2 + {x_2}^2 + {x_3}^2 \not\equiv 7 (\bmod 8),$$

即形如 $8k + 7(k \geqslant 0)$ 的整数不能表成三平方数之和.

假设 n=$4(8k + 7)$ 可以表成三平方和, 则有 x_1, x_2, x_3, 使得

$$n = {x_1}^2 + {x_2}^2 + {x_3}^2 = 4(8k + 7).$$

由 (11.2.7) 式容易推出 $2|x_1$,$2|x_2$,$2|x_3$, 于是

$$\left(\frac{x_1}{2}\right)^2 + \left(\frac{x_2}{2}\right)^2 + \left(\frac{x_3}{2}\right)^2 = (8k + 7),$$

但这是不可能的, 所以形如 $4(8k + 7)$ 的数不可能表成三平方和.

假设形如 $4^r(8k + 7)(0 \leqslant r < m,\ k \geqslant 0)$ 的整数不能表成三平方之和, 那么, 形如 $4^m(8k + 7)(k \geqslant 0)$ 的整数必不能表成三平方之和. 事实上, 若有整数 x_1, x_2, x_3, 使得

$${x_1}^2 + {x_2}^2 + {x_3}^2 = 4^m(8k + 7), \tag{11.2.8}$$

则由式 (11.2.7) 容易看出 $2|x_1$, $2|x_2$, $2|x_3$, 于是由式 (11.2.8) 得到

$$\left(\frac{x_1}{2}\right)^2 + \left(\frac{x_2}{2}\right)^2 + \left(\frac{x_3}{2}\right)^2 = 4^{m-1}(8k + 7),$$

这与归纳假设矛盾. 所以式 (11.2.8) 不能成立. 这样, 利用归纳法就得到如下结论.

定理 11.2.3 若 n 是形如 $4^m(8k + 7)(m \geqslant 0,\ k \geqslant 0)$ 的整数, 则 n 不能表成三平方之和. □

例 11.2.1 每个正整数 n 可以写成 $n = x^2 + y^2 - z^2$ 的形式, 其中 x, y, z 是整数.

解 当 $2|n$ 时,

$$n = 1^2 + \left(\frac{n}{2}\right)^2 - \left(\frac{n}{2} - 1\right)^2;$$

当 $2\nmid n$ 时,

$$n = 0^2 + \left(\frac{n+1}{2}\right)^2 - \left(\frac{n-1}{2}\right)^2.$$

例 11.2.2　若 $n = 2{\cdot}4^m (m \in \mathbf{N})$, 则 n 不能表示成四个正整数的平方之和.

解　当 $m = 0$ 时, 结论显然成立.

设结论对于 $k < m(m \geqslant 1)$ 成立, 即形如 $n = 2 \cdot 4^k (k < m,\ k \in \mathbf{N})$ 的整数不能表示成四个正整数平方之和.

若有正整数 a, b, c, d, 使得

$$a^2 + b^2 + c^2 + d^2 = 2 \cdot 4^m, \tag{11.2.9}$$

那么, 因为任何奇数的平方被 8 除的余数是 1, 所以, 由式 (11.2.9) 可知, $2|(a, b, c, d)$, 于是有

$$\left(\frac{a}{2}\right)^2 + \left(\frac{b}{2}\right)^2 + \left(\frac{c}{2}\right)^2 + \left(\frac{d}{2}\right)^2 = 2 \cdot 4^{m-1}.$$

但是, 由归纳假设, 上式不可能成立, 所以式 (11.2.9) 不能成立, 即结论当 $k = m$ 时也成立, 由归纳法得证.

习　题　11.2

1. 若 $(x, y, z) = 1$, 则不存在整数 n, 使得

$$x^2 + y^2 + z^2 = 4n^2.$$

2. 设 k 是非负整数, 证明 2^k 不能表示三个正整数平方之和.
3. 证明：每一个正整数 n 必可以表示为 5 个立方数的代数和.
4. 证明：$16k + 15$ 型的整数至少需要 15 个四次方数的和表之.
5. 证明：$16^k{\cdot}31$ 不能表示为 15 个四次方数的和.

附　　录

4000 以下的素数及其最小原根表

p	g	p	g	p	g	p	g	p	g	p	g	p	g
2	1	127	3	283	3	467	2	661	2	877	2	1087	3
3	1	131	2	293	2	479	13	673	5	881	3	1191	2
5	2	137	3	307	5	487	3	677	2	883	2	1092	5
7	3	139	2	311	17	491	2	683	5	887	5	1097	3
11	2	149	2	313	16	499	7	691	3	907	2	1103	5
13	2	151	6	317	2	503	5	701	2	911	17	1109	2
17	3	157	5	331	3	509	2	709	2	919	7	1117	2
19	2	163	2	337	10	521	3	719	11	929	3	1123	2
23	5	167	5	347	2	523	2	727	5	937	5	1129	11
29	2	173	2	349	2	541	2	733	6	941	2	1151	17
31	3	179	2	353	3	547	2	739	3	947	2	1153	5
37	2	181	2	359	7	557	2	743	5	953	3	1163	5
41	6	191	19	367	6	563	2	751	3	967	5	1171	2
43	3	193	5	373	2	569	3	757	2	971	6	1181	7
47	5	197	2	379	2	571	3	761	6	977	3	1187	2
53	2	199	3	383	5	577	5	769	11	983	5	1193	3
59	2	211	2	389	2	587	2	773	2	991	6	1201	11
61	2	223	3	397	5	593	3	787	2	997	7	1213	2
67	2	227	2	401	3	599	7	797	2	1009	11	1217	3
71	7	229	6	409	21	601	7	809	3	1013	3	1223	5
73	5	233	3	419	2	607	3	811	3	1019	2	1229	2
79	3	239	7	421	2	613	2	821	2	1021	10	1231	3
83	2	241	7	431	7	617	3	823	3	1031	14	1237	2
89	3	251	6	433	5	619	2	827	2	1033	5	1249	7
97	5	257	3	439	15	631	3	829	2	1039	3	1259	2
101	2	263	5	443	2	641	3	839	11	1049	3	1277	2
103	5	269	2	449	3	643	11	853	2	1051	7	1279	3
107	2	271	6	457	13	647	5	857	3	1061	2	1283	2
109	6	277	5	461	2	653	2	859	2	1063	3	1289	6
113	3	281	3	463	3	659	2	863	5	1069	6	1291	2

续表

p	g	p	g	p	g	p	g	p	g	p	g	p	g
1297	10	1559	19	1823	5	2089	7	2371	2	2663	5	2909	2
1301	2	1567	3	1831	3	2099	2	2377	5	2671	7	2917	5
1303	6	1571	2	1847	5	2111	7	2381	3	2677	2	2927	5
1307	2	1579	3	1861	2	2113	5	2383	5	2683	2	2939	2
1319	13	1583	5	1867	2	2129	3	2389	2	2687	5	2953	13
1321	13	1597	11	1871	14	2131	2	2393	3	2689	19	2957	2
1327	3	1601	3	1873	10	2137	10	2399	11	2693	2	2963	2
1361	3	1607	5	1877	2	2141	2	2411	6	2699	2	2969	3
1367	5	1609	7	1879	6	2143	3	2417	3	2707	2	2971	10
1373	2	1613	3	1889	3	2153	3	2423	5	2711	7	2999	17
1381	2	1619	2	1901	2	2161	23	2437	2	2713	5	3001	14
1399	13	1621	2	1907	2	2179	7	2441	6	2719	3	3011	2
1409	3	1627	3	1913	3	2203	5	2447	5	2729	3	3019	2
1423	3	1637	2	1931	2	2207	5	2459	2	2731	3	3023	5
1427	2	1657	11	1933	5	2213	2	2467	2	2741	2	3037	2
1429	6	1663	3	1949	2	2221	2	2473	5	2749	6	3041	3
1433	3	1667	2	1951	3	2237	2	2477	2	2753	3	3049	3
1439	7	1669	2	1973	2	2239	3	2503	3	2767	3	3061	6
1447	3	1693	2	1979	2	2243	2	2521	17	2777	3	3067	2
1451	2	1697	3	1987	2	2251	7	2531	2	2789	2	3079	6
1453	2	1699	3	1993	5	2267	2	2539	2	2791	6	3083	2
1459	5	1709	3	1997	2	2269	2	2543	5	2797	2	3089	3
1471	6	1721	3	1999	3	2273	3	2549	2	2801	3	3109	6
1481	3	1723	3	2003	5	2281	7	2551	6	2803	2	3119	7
1483	2	1733	2	2011	3	2287	19	2557	2	2819	2	3121	7
1487	5	1741	2	2017	5	2293	2	2579	2	2833	5	3137	3
1489	14	1747	2	2027	2	2297	5	2591	7	2837	2	3163	3
1493	2	1753	7	2029	2	2309	2	2593	7	2843	2	3167	5
1499	2	1759	6	2039	7	2311	3	2609	3	2851	2	3169	7
1511	11	1777	5	2053	2	2333	2	2617	5	2857	11	3181	7
1523	2	1783	10	2063	5	2339	2	2621	2	2861	2	3187	2
1531	2	1787	2	2069	2	2341	7	2633	3	2879	7	3191	11
1543	5	1789	6	2081	3	2347	3	2647	3	2887	5	3203	2
1549	2	1801	11	2083	2	2351	13	2657	3	2897	3	3209	3
1553	3	1811	6	2087	5	2357	2	2659	2	2903	5	3217	5

续表

p	g	p	g	p	g	p	g	p	g	p	g	p	g
3221	10	3331	3	3461	2	3557	2	3671	13	3779	2	3907	2
3229	6	3343	5	3463	3	3559	3	3673	5	3793	5	3911	13
3251	6	3347	2	3467	2	3571	2	3677	2	3797	2	3917	2
3253	2	3359	11	3469	2	3581	2	3691	2	3803	2	3919	3
3257	3	3361	22	3491	2	3583	3	3697	5	3821	3	3923	2
3259	3	3371	2	3499	2	3593	3	3701	2	3823	3	3929	3
3271	3	3373	5	3511	7	3607	5	3709	2	3833	5	3931	2
3299	2	3389	3	3517	2	3613	2	3719	7	3847	5	3943	3
3301	6	3391	3	3527	5	3617	3	3727	3	3851	2	3947	2
3307	2	3407	5	3529	17	3623	5	3733	2	3853	2	3967	6
3313	10	3413	2	3533	2	3631	21	3739	7	3863	5	3989	2
3319	6	3433	5	3539	2	3637	2	3761	3	3877	2		
3323	2	3449	3	3541	7	3643	2	3767	5	3881	13		
3329	3	3457	7	3547	2	3659	2	3769	7	3889	11		